iT邦幫忙鐵人賽

博碩文化

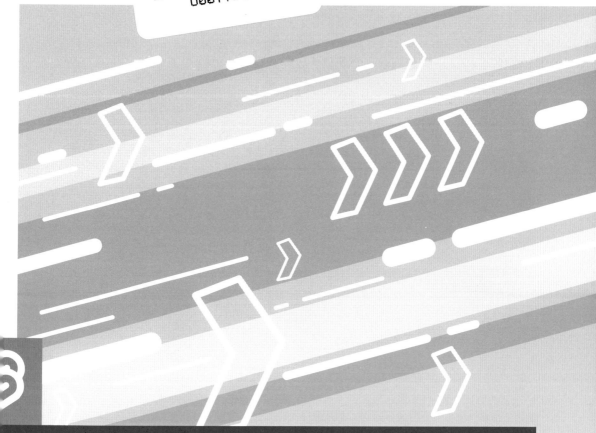

前端框架 Svelte 上手指南
從基本介紹到 UI 實戰與測試

**2020
iT邦幫忙
鐵人賽
佳作**
iThome

台灣第一本關於 Svelte 前端框架介紹專書

語法容易上手且功能強大
深入講解 Svelte 基礎與進階功能
搭配 SvelteKit 建構現代網頁專案
搭配實戰 UI 範例活用 Svelte

 本書提供線上範例檔

陳愷奕（愷開）——— 著

作　　　者：陳愷奕（愷開）

責任編輯：黃俊傑

董　事　長：陳來勝

總　編　輯：陳錦輝

出　　　版：博碩文化股份有限公司

地　　　址：221 新北市汐止區新台五路一段112號10樓A棟
　　　　　　電話(02) 2696-2869　傳真(02) 2696-2867

發　　　行：博碩文化股份有限公司

郵撥帳號：17484299　戶名：博碩文化股份有限公司

博碩網站：http://www.drmaster.com.tw

讀者服務信箱：dr26962869@gmail.com

讀者服務專線：(02) 2696-2869 分機 238、519

（周一至周五 09:30 ～ 12:00；13:30 ～ 17:00）

版　　　次：2021 年 10 月初版一刷

建議零售價：新台幣 600 元

I　S　B　N：978-986-434-899-2

法律顧問：鳴權法律事務所 陳曉鳴律師

本書如有破損或裝訂錯誤，請寄回本公司更換

國家圖書館出版品預行編目資料

前端框架 Svelte 上手指南：從基本介紹到 UI 實戰與
測試 / 陳愷奕（愷開）著 . -- 初版 . -- 新北市：博碩文
化股份有限公司 , 2021.10
面；　公分 . -- (iT 邦幫忙鐵人賽系列書)
ISBN 978-986-434-899-2(平裝)

1. 網頁設計

312.1695　　　　　　　　　　　　110016166

Printed in Taiwan

博碩粉絲團

歡迎團體訂購，另有優惠，請洽服務專線
(02) 2696-2869 分機 238、519

序言

PREFACE

網頁因網路速度有了驚人的成長,加上硬體的效能改善,除了靜態顯示資料之外,也越來越講求互動性與使用體驗,以及隨著而來的開發複雜度。

我在 2015 年時開始前端開發的旅程,當時適逢前端戰國時代,前端框架的出現、透過 babel 轉譯 ES5 語法精簡了程式碼的實作、模組打包工具 webpack 的崛起,前端開發因此迎來了全新的時代。

其中,最帶有影響性的前端框架非 React 莫屬了,React 改寫了前端對最佳實踐的認知,並將元件化的中心思想導入到前端當中,再透過 babel 轉譯 jsx 語法、webpack 打包模組,加速了前端工程化的發展。

當然,也有其他前端框架受到 React 影響後,開始反思如何簡化開發手法,其中之一就是本書的主角- Svelte。

Svelte 的出現,除了繼承原有的元件化思想之外,其截然不同的撰寫方式,走出了和其他主流框架不同的道路。

2020 年是 Svelte 大放異彩的一年,Svelte 建構 UI 以及簡潔有力的語法受到社群矚目,在 State of JS 2020 問卷調查中得到滿意度第一名以及 StackOverflow Developer Survey 2021 最受喜愛的 Web 框架第一名的好成績,在推特上也時常能夠看見其他開發者對 Svelte 的讚賞,由此可見 Svelte 的潛力。

Vue 3.0 中曾經有 Ref-sugar 的 RFC 提案,其中的語法正是受到 Svelte 啟發,雖然最後並沒有被接受,但從這裡也能夠觀察到 Svelte 對於其他框架造成的啟發與影響。

　　然而，目前有關於 Svelte 的討論以及教學資源仍然以英語居多，台灣雖然有數篇文章提到 Svelte，使用狀況依然不活躍。為此，我以 Svelte 為主題報名第 12 屆 iT 邦幫忙鐵人賽影片組，希望可以透過影片教學讓更多人認識 Svelte。

　　這本書將影片的內容精煉後轉化為文字，加入了許多影片中未提及的細節，包含伺服器渲染框架 SvelteKit、部署工具介紹，如何為元件撰寫測試，以及 Svelte 生成程式碼的分析。

　　除了理解 Svelte 之外，這本書另外一個目的是希望藉由 Svelte 的學習過程讓讀者更深入理解前端開發，以及實作 UI 時應該要注意的事情，包含狀態管理、store 的設計、互動考量、無障礙功能，搭配在實際開發中會遇到的 UI，應能對讀者有所幫助，實戰篇的程式碼都放在線上編輯器上，讀者可以自行進行其他修改。

　　這本書是為了已經具有前端開發經驗的開發者所撰寫的，主要目的在於讓讀者能夠搭配既有的知識，快速掌握 Svelte 這門前端框架。不管是先前已經有其他前端框架的開發經驗，或是以 Svelte 作為第一個入門的前端框架，應該都可以快速掌握本書的內容。

章節介紹

本書的內容以 Svelte 前端框架介紹為主，適合已經有網頁開發經驗以及對 JavaScript 程式語言有了解的讀者閱讀。

本書主要分為八個章節。

- 第一章節為 Svelte 簡介，在學習 Svelte 前本書先針對 Svelte 的特色、優缺點與現況做分析，這部分的內容主要在幫助讀者對 Svelte 有一定的認知以便後續的學習。

- 第二章節為 Svelte 入門篇，包含環境設定、安裝，以及 Svelte 的核心功能介紹與語法介紹，想要掌握 Svelte 核心功能的讀者可以從這個章節開始。

- 第三章節為 Svelte 進階篇，主要是針對互動性比較高的專案，介紹了 Svelte 的進階功能，如轉場機制、SSR、Context 與 Store 等等。

- 第四章節為 Svelte 實戰篇，透過實作常見 UI 的方式，讓讀者對 Svelte 有更進一步的理解。除了活用 Svelte 的功能之外，本章節也會說明在 UI 實作中應該要注意的事。

- 第五章節為伺服器渲染篇，為了讓效能與 SEO 有進一步的提升，SSR 往往是前端開發當中不可或缺的一環。本書會介紹 SvelteKit 來針對 SSR 場景進行開發。

- 第六章節為測試篇，測試在前端應用當中佔據了相當重要的一部分，想要減少錯誤發生，減少人工檢查的話必須靠著穩固的測試達成。本章節會介紹如何使用 Svelte 進行元件測試以及使用 cypress 實作端對端測試。

■ 第七章節為部署篇，專案完成後當然要想辦法公開到網路上囉！前端部署可以使用平台服務，只要簡單幾個步驟就能將專案公開到網路上，本書介紹的部署方式有 **Netlify**、**Vercel**、**GitHub Pages**，方便開發針對不同場景的專案做部署。

■ 第八章節為原理篇，對於 **Svelte** 背後實作有興趣的讀者可以參考。本書不會著墨太多 **Svelte** 的原始碼，但是會針對核心理念做介紹，讓讀者能夠對 **Svelte** 的運作原理有更深一步的了解。

本書的範例程式碼連結可以到 https://github.com/kjj6198/svelte-guide-links 查看。

目錄

CONTENTS

第 3 章　Svelte 進階篇

第 4 章　Svelte 實戰篇 – 實作常見 UI 元件

第 5 章　伺服器渲染 – SvelteKit

1

Svelte
簡介

Svelte 是一個使用 JavaScript 撰寫的前端框架，如同其他前端框架[1] React、Vue、Angular，Svelte 透過**元件化**的方式建構 UI。

元件化指得是將畫面上的 UI 拆分為可獨立運作的小元件，元件與元件之間互相獨立，透過資料傳遞來溝通。

元件化的好處在於能夠在不同地方重複使用，並透過拆分 UI 的方式讓程式碼更容易維護。在大型專案開發當中，開發者也可以分別專注在不同的子元件設計，元件與元件之間透過屬性傳遞溝通，可減少溝通成本並加速開發效率。

每個前端框架對於如何建立元件有不同的慣用手法，Svelte 採取 SFC（Single File Component）的方式來建立元件。與 Vue.js 相同，每個元件都會以**單獨檔案**表示，包含元件的外觀、JavaScript 程式碼（互動）以及樣式；React 則無限制元件的建立方式，同一份檔案當中可以同時建立許多元件。

本書撰寫當下 Svelte 的主版本為 3（3.42.5），書中內容皆以此版本為主。

1-1 「又」一個前端框架？

近幾年前端開發的框架推陳出新，近幾年趨於穩定，以 React、Vue、Angular 三大框架為主流。

Svelte 最早是在 2016 年由 Rich Harris 獨立開發，並在 2019 年 Svelte 版本更新為 3.0 之後逐漸受到社群關注。

根據 2019 年 State of JS[2] 的調查，Svelte 在 2019 年時使用滿意度已經來到第二名；在 2020 年 State of JS 的調查，Svelte 的滿意度已經榮登第一名，使用率也來到第四名，緊追在三大前端框架後，是一個相當受關注的技術。

1　在官方文件當中，有時會有 library 與 framework 之分。在本書當中統一稱為 framework。
2　State of JS 每年會舉辦線上問卷調查，對象是來自全球的開發者，調查關於 JavaScript 與前端的發展趨勢 https://stateofjs.com

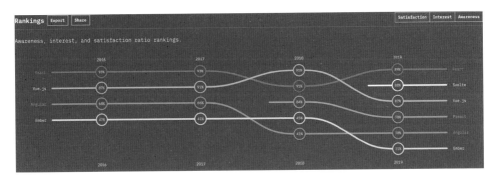

圖 1-1　2019 年 State of JS 調查中，Svelte 使用滿意度為第二名

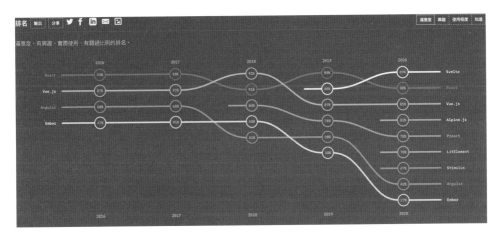

圖 1-2　2020 年 State Of JS 調查中，Svelte 滿意度為第一名

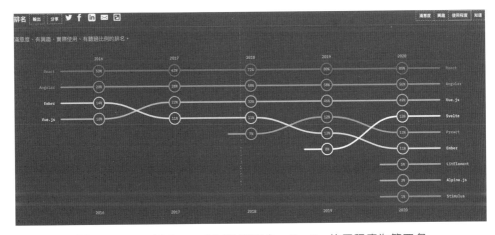

圖 1-3　2020 年 State Of JS 調查中，Svelte 使用程度為第四名

根據 Stack Overflow Developer Survey 2021[3] 的調查，Svelte 成為開發者最喜愛的 Web 框架。

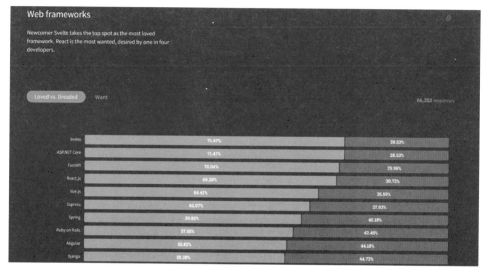

圖 1-4 Svelte 為最受喜愛的 web 框架（StackOverflow Developer Survey）

雖然問卷的結果跟技術本身的好壞沒有絕對的關聯性，但與其他主流前端框架相比，能夠拿到這樣的好成績也足以說明 Svelte 的開發手法受到許多開發者的喜愛。

Svelte 強調它是一個編譯器[4]（Compiler），撰寫的程式碼會先經由編譯器靜態分析後再產生程式碼，其他前端框架的則常在 runtime 時處理，定位上有了明顯的區別。

有時由 webpack 或是 Rollup 等模組打包器打包後生成的 JavaScript 程式碼也會被稱作編譯。在用語上模組打包器打包後的程式碼以轉譯（transpile）較為精確，其差別在於轉譯後的程式碼通常與轉譯前的程

3 https://insights.stackoverflow.com/survey/2021#most-loved-dreaded-and-wanted-webframe-love-dread
4 一般來說編譯器編譯後會生成組合語言再變為機器碼，Svelte 的編譯器編譯後的程式碼仍然為 JavaScript

式碼功能完全相同，只是語法上有所差異或是經過優化處理；而編譯則是由原始碼轉換為另一種程式語言（或稱作目標語言），兩者意義上不盡相同。

1-2　為什麼 Svelte 值得學習？

或許有些讀者會好奇，竟然前端都已經有三大前端框架撐腰了，為什麼還要再多一個 Svelte 呢？我認為 Svelte 有幾個值得學習的地方，以下一一說明。

沒有虛擬 DOM 機制

Svelte 並沒有 Virtual DOM[5] 的概念，不過為什麼沒有 Virtual DOM 這件事那麼特別呢？

Virtual DOM 雖然讓開發者不用擔心底層的實作，直接操作 DOM API，只要關注狀態的變化與轉移就好，但 Virtual DOM 的運作需要仰賴背後的 diff 演算法，往往會讓框架的 bundle size 變得比較大一些。

為什麼我們需要 Virtual DOM ？

作者 Rich Harris 曾經在 Svelte 官網上寫過一篇文章：Virtual DOM is pure overhead[6]。他認為 Virtual DOM 最大的好處在於此機制不需要開發者去煩惱狀態的轉換，不需要去關注畫面上有哪些部分需要更新，只要直接改變變數就能夠更新對應的畫面。

It allows you to build Apps without thinking about state transition。

作者認為，Virtual DOM 提供最大的好處在於我們可以透過宣告狀態的變化，讓框架去做對應的畫面渲染，而不需要直接操作底層的 DOM API 來更新畫面。

5　為了避免建立 DOM 節點的效能損失以及方便做 diff 演算，某些前端框架會將 DOM 樹改用更簡單的資料結構描述。此結構並非實際的 DOM 節點運作，因此十成被稱為 Virtual DOM

6　https://svelte.dev/blog/virtual-dom-is-pure-overhead

雖然 Virtual DOM 的機制確保了框架的效能，但內文也提到 Virtual DOM 所帶來的效能保證是剛好夠用而已，因為 diff 演算法往往也會造成 runtime 的負擔變多，甚至需要開發者本身進行優化（例如 React 當中的 useMemo 與 useCallback 等 API）。

作者在文章中提出了其他方案，認為我們可以同時達到**元件化以及宣告式編程**這兩個前端框架最重要的目的，而不需要使用到 Virtual DOM 機制，而這個方案促使了 Svelte 的誕生。

編譯器幫忙抓錯與靜態分析

Svelte 是一個編譯器，會幫你把程式碼編譯一次後再執行，也就是說在可以靜態分析的範圍內，Svelte 能夠在程式碼還沒有執行前就事先抓出錯誤或是做優化，例如沒有使用的變數、class 或是忘記加入的標籤。

另外 Svelte 在編譯時期就可以分析變數之間的依賴關係，避免了 runtime 當中 diff 演算造成的負擔。

靜態分析的其他好處還有，只有在用到特定功能時才會 bundle，比如說 animation、生命週期方法等等，這些如果沒有用到的話，本身是不會引入進去的。

這樣的差異會在專案變大之後越來越小，不過對中小型專案來說 Svelte 的 bundle size 非常小，很容易達到高效能。

對無障礙功能（Accessibility）的注重 [7]

無障礙功能又稱作 a11y[8]，為了讓網頁能夠以各種方式被瀏覽（螢幕閱讀器、鍵盤導航等），透過 WCAG[9]（Web Content Accessibility Guideline）標準以及電腦輔助程式，可以讓 HTML 的內容被螢幕閱讀器朗讀。

---

7 在 Svelte 的 Github 上，作者曾經提出標題為 A11y and being a good citizen of the web 的 issue https://github.com/sveltejs/svelte/issues/374
8 a11y: 無障礙功能英文為 accessibility，a 到 y 之間有 11 個字母因此時常簡寫為 a11y
9 為網頁無障礙功能的標準規範

要達成無障礙功能最基本的方法是使用正確的 HTML 標籤，例如在 img 標籤中加入 alt（圖片替代文字）、使用 a 標籤實作超連結。對於 HTML 中沒有定義的 UI，可使用 WAI-ARIA 標籤，讓 UI 的意圖與互動也能夠被螢幕閱讀器理解。

另外在設計互動性比較高的元件時，像是 tooltip、彈窗、下拉式組合方塊等等，需要使用滑鼠與鍵盤操作的 UI 元件，往往需要另外考量無障礙功能才能使元件的操作更加容易。Svelte 因為能夠在編譯時分析程式碼，可以事先檢查有哪些標籤或屬性沒有加入或正確實作，能夠幫助我們更好地達到無障礙使用標準。

圖 1-5　Svelte 在 a 標籤未加入 href 時會跳出警告訊息提示

關於無障礙功能，在實戰篇當中有更多的實作範例可參考。

語法設計容易上手

Svelte 希望能夠達到寫更少程式碼（write less code）的目的，語法也盡量設計地容易上手，並保有元件化與響應式的概念。

只要對 HTML、JavaScript 、CSS 有基本的概念就可以直接寫出 Svelte 元件，再搭配 Svelte 的樣板語法就可以達到更多進階功能。使用跟 HTML 相近的語法，就可以前端框架具備的響應式效果，不僅能夠幫助初學者快速上手，也能夠讓非前端領域的開發人員快速建立頁面並達成目的。

事實上 Svelte 的設計完全相容於 HTML 語法，雖然沒有 Svelte 編譯的話結果可能不正確，但 Svelte 的元件檔案內容是完全可以被瀏覽器解析的。

關注度持續上升

在開頭也有提到，Svelte 在近幾年的關注度持續上升，2020 年美國總統大選當中，許多新聞網站也採用了 Svelte 實作即時開票視覺化。如關鍵評論網、天下雜誌、路透都採用了 Svelte 來做視覺化。[10] 不僅如此，目前也有一些公司採用了 Svelte 當作前端框架來開發專案。

圖 1-6　目前有使用 Svelte 的公司（取自 Svelte 官網）

1-3　重新思考響應機制（Rethinking Reactivity）[11]

這個標題是 Svelte 作者 Rich Harris 在 2019 年 You Gotta Love Frontend 議程上發表的演講。他認為當前前端框架（影片中多以 React 比較）為了達到響應機制，往往需要在 runtime 時期做大量的 diff 演算，進而犧牲了效能。

10　可參考 Facebook 貼文 https://www.facebook.com/groups/f2e.tw/permalink/3370232499680758
11　https://youtu.be/AdNJ3fydeao

在演講當中，Rich Harris 也提到當前 React 的做法需要開發者自行使用如
useMemo、useCallback 等方法優化效能瓶頸，對開發者也是一個心智負擔。

```
const Counter = () => {
  const [counter, setCounter] = useState(0);
    const handleClick = () => {
    setCounter(c => c + 1)
  }
    return <div onClick={handleClick}>{counter}</div>
}
```

以這段 React 程式碼來說，每次元件更新時，useState 函數就必須重新執行
一次，handleClick 函數宣告也要重新建立一次，這些雖然都是相對輕微的效
能損失，但大量的元件累積起來就會出現明顯的效能瓶頸，需要開發者自行
優化。

1-4　減少運行時期的額外開銷

Svelte 透過編譯將各種檢查與依賴追蹤等機制在編譯時期進行處理，盡可
能減少在運行時期要做的事。

一個簡單的 Svelte 元件程式碼如下：

```
<script>
    let name = 'world';
</script>

<div>
  <h1>Hello {name}!</h1>
  <p>
      hello world
  </p>
</div>
```

經由編譯之後生成的程式碼如下（程式碼經過大幅簡化，與實際生成程式碼不同）

```
function create_fragment(ctx) {
  let div;
  let h1;
  let t3;
  let p;

  return {
    create() {
      div = element("div");
      h1 = element("h1");
      h1.textContent = 'Hello ${name}!';
      t3 = space();
      p = element("p");
      p.textContent = "hello world";
    },
    mount(target, anchor) {
      insert(target, div, anchor);
      append(div, h1);
      append(div, t3);
      append(div, p);
    },
  };
}

let name = "world";
```

在 create 與 mount 函數當中，多數 Svelte 在做的事情只是將元件的 HTML 轉換為 DOM API 的呼叫而已，轉換的過程全部發生在編譯時期，因此不會影響到運行時期的效能。

1-5　Svelte 的缺點

在繼續本書內容之前，也先整理一下目前 Svelte 使用上的缺點有哪些。Svelte 相對於其他主流前端框架，開發時間跟生態圈相對還沒有那麼完善，所以使用上也有一些缺點。

使用率偏低

相較於其他前端框架，Svelte 目前使用率仍然偏低，對求職來說或許不是最佳選擇。

根據 State of JS 2020 的調查，Svelte 目前的使用程度為 15%，跟去年比起來有逐漸增長的趨勢，但跟 React、Angular、Vue 比起來仍然有一段距離。

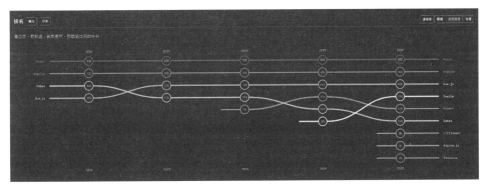

圖 1-7　State of JS 2020 調查中，Svelte 為第四名

資源較少、生態系尚未完善

雖然最近 Svelte 資源不斷增加，但目前大部分的資源仍然以英文居多，在台灣 Svelte 的中文資源較少，有問題時也比較難找到解答，解決方案也不像其他前端框架那麼完善。除了靠時間解決之外，也可以一起動手創造更多 Svelte 相關資源！

多數處理發生在編譯時期

Svelte 在靜態時期會對變數做依賴追蹤，因此變數依賴的關係必須是可被靜態分析的。如果變數的依賴關係不明確，在變數更新時可能會造成依賴的關係無法正確更新。但只要能夠掌握此特性，就能夠事先避免潛在的問題，我們在之後的章節會深入探討。

因為需要在編譯時期事先生成程式碼的關係，使用 Svelte 也就代表需要透過模組打包器或是其他工具的補助。

必須符合 Svelte 定義的元件格式

為了建立 Svelte 元件，必須按照 Svelte 的元件格式撰寫。像是在 React 當中，所有的元件都是 JavaScript 檔以及 JSX 語法，只要是合法的 JavaScript 都可以撰寫 React 元件。

Svelte 語法上與 HTML 相近，對於有經驗的開發者來說可以很輕鬆判斷兩者區別，但對初學者來說 Svelte 元件和 HTML 很像卻有不同之處。舉例來說，以下這段程式碼在 HTML 上與 Svelte 上行為會有顯著的不同：

```
<script>
  let name = 'jack';
  setInterval(() => name = name + Math.random().toString(), 1000);
</script>


<p>Hello {name}</p>
```

在 Svelte 中，let 變數宣告會先經由編譯器靜態分析，得知在 p 標籤當中有使用到 name 變數，並且在 setInterval 函數當中有重新賦值 name 變數，所以 name 會即時更新；在 HTML 中並沒有 {name} 的語法，let name = 'jack' 也只是單純宣告變數，就算透過 setInterval 每秒更新 name 的值，在畫面上也不會有任何改變。

1-6　環境準備

本書主要講解 Svelte 前端框架，因此本書已經預設讀者有一定的前端開發經驗，這包含對於 CSS、HTML、JavaScript 有一定的了解。

本書需要的環境有：

- Node.js

- npm 或 yarn

為了方便專案開發，建議可以另外準備 git 環境以及 GitHub 帳號，可透過 GitHub Repository 管理專案開發進度。

Node.js

由於 Svelte 需要透過 npm 以及模組打包器事先編譯後才能產生 JavaScript 程式碼，因此需要事先安裝 Node.js。安裝 Node.js 最簡單的方式是到官方網站上進行下載。

圖 1-8　Node.js 官方網站 https://nodejs.org/en

本書撰寫當下 Node.js 最新版本為 16.8.0，最新穩定版本為 14.17.6，可以根據需求安裝。

npm 或 yarn

npm 與 yarn 都是 Node.js 的套件管理系統。只要安裝好 Node.js，npm 也會一併安裝，因此不需要另外下載安裝檔案。如果想要使用 yarn 當作 Node.js 的套件管理系統，可以使用 npm 安裝。

```
npm install -g yarn
```

1-7 如何在線上寫 Svelte

官方 REPL

如果想要先嘗試撰寫 Svelte，可以開啟網頁到 svelte.dev/repl 直接在網頁上撰寫 Svelte 程式碼。如果登入 GitHub 的話還可以保存程式碼分享網址給其他人。本書的部分範例程式碼也會透過 Svelte 的 REPL 供讀者參考。

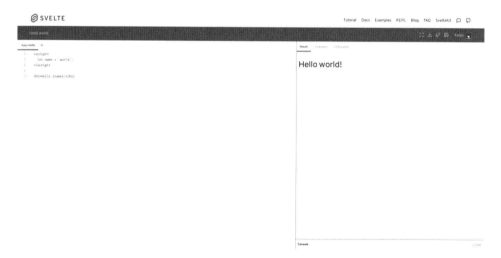

圖 1-9 Svelte 官方網站的 REPL 介面

在上圖中當中，左半部分為程式碼編輯區域，點擊 + 號可以新增檔案，在 REPL 中可新增 Svelte 元件（.svelte）或是 JS 檔案（.js）。

右半部分為預覽區域，點擊 Console 面板可以直接在網頁上瀏覽 console 訊息；點擊 Result、JS output、CSS output 可以分別查看即時的程式碼結果、生成後的 JavaScript 程式碼以及 CSS。

如果要使用儲存功能，需額外使用 GitHub 帳號登入後按下儲存圖示即可生成連結。

CodeSandbox

CodeSandbox[12] 是一個線上程式碼編輯器，可以很方便在網頁上快速編輯程式碼實時查看結果，或是透過連結與他人分享程式碼。為了保存程式碼，必須自行準備 GitHub 帳號。

CodeSandbox 有內建樣板，可以快速建立 Svelte 應用。

圖 1-10 CodeSandbox 支援 Svelte 樣板，一鍵建立 Svelte 應用

---

12 https://codesandbox.io/

CodeSandbox 的功能更加豐富，可以加入圖片或影片等靜態檔案，也能夠自行加入依賴。CodeSandbox 還允許開發者對編輯器做客製化設定，打造自己喜歡的樣式或是字型，甚至還能夠啟用 vim 來編輯程式碼。

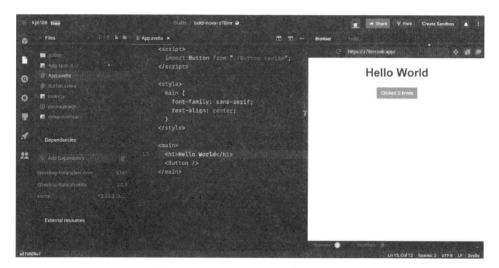

圖 1-11　CodeSandbox 編輯器 UI

CodeSandbox 的編輯器 UI 可分為三大部分，左邊為檔案導航列表，可以新增、修改、刪除檔案。左下角可以自由加入 npm 套件；中間則為程式碼編輯器，跟 REPL 的程式碼編輯器相同；右半邊為預覽部分，雖然沒有像 Svelte 官方的 REPL 一樣提供 JS output 與 CSS output 的功能，但整體的使用體驗還是相當良好。

CodeSandbox 中的程式碼以及預覽結果可以內嵌到其他網頁當中，透過右上角的 Share 按鈕可以生成內嵌用的程式碼。在部落格文章要做程式碼 Demo 時相當方便。

4. UI 實作（以 Svelte 為例）

UI 上用 d3-shape 與 d3-scale 實作了一個 Gauge 元件，看起來比較不會那麼單調。雖然程式碼是用 Svelte 實作，不過其他前端框架甚至完全不用框架也可以輕鬆完成：

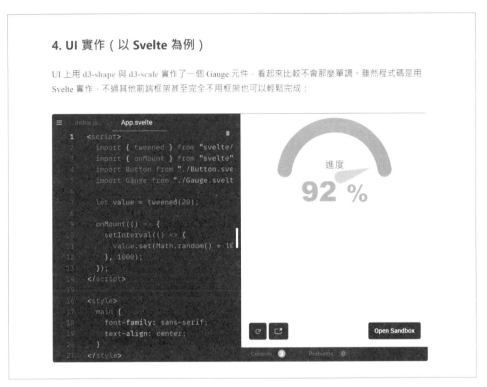

圖 1-12　將 CodeSandbox 程式碼內嵌到文章當中方便即時預覽結果

1-8　初探 Svelte

　　為了讓讀者對 Svelte 有初步的印象，我們先撰寫一個簡易的倒數計時功能，詳細語法與功能介紹會在之後的內容逐步解說。

```
<script>
  import { onMount, afterUpdate, onDestroy } from 'svelte';
  let countdown = 10;
  let timer = null;
  onMount(() => {
    timer = setInterval(() => {
      countdown -= 1;
```

```
    }, 1000);
  })

  afterUpdate(() => {
    if (countdown === 0) {
      if (timer) {
        clearInterval(timer);
      }
    }
  })

  onDestroy(() => {
    if (timer) {
      clearInterval(timer)
    }
  })
</script>

<style>
  h2 {
    color: red;
  }
</style>

<h2>{countdown}</h2>
```

這個程式碼會在畫面上顯示倒數計時，時間歸零或是元件銷毀時停止計數。

本章節程式碼連結位於 **1-8** 倒數計時範例。

1-9　除了 **Svelte** 外更重要的事

　　本書除了介紹 Svelte 的功能之外，也會整合自己的經驗分享在元件開發當中應該要注意的地方，讓讀者除了 Svelte 之外，更能掌握前端開發的重要概念。

　　在第 4 章 的 UI 實戰篇，介紹與實作的 UI 都是在實際前端開發當中會碰到的場景，本章節除了使用 Svelte 實作之外，還包含了如何分析 UI 要達到的功能需求，如何與 Svelte 的功能整合，以及大部分開發者時常忽略的無障礙功能整合。

　　對於比較有經驗的讀者，或是對 Svelte 原理有興趣的讀者，在第 8 章 Svelte 進階篇中有講解 Svelte 如何生成程式碼，以及背後的機制是如何運作的。

　　雖然在開發當中，不需要理解 Svelte 背後的運作也能順利完成需求，但了解原理可以讓我們更清楚背後的運作流程，對生成的程式碼有更多的理解與掌握。

Note

2 Svelte 入門篇

2-1 安裝 Svelte 與開發環境

我們可以透過線上 REPL 或 Codesandbox 來執行 Svelte，不過一般的專案都是在本地環境進行開發，需要額外安裝。

Svelte 安裝

官方提供了 Svelte 應用的樣板，可以透過以下指令安裝：

❶ npx degit sveltejs/template[1]: svelte-app 以 sveltejs/template 為樣板並安裝至 svelte-app 資料夾

❷ cd svelte-app: 進入 svelte-app 資料夾

❸ npm install: 安裝套件

❹ npm start: 啟動開發環境與伺服器

執行 npm start 後如果成功安裝，在終端機上會出現以下訊息：

```
> svelte-app@1.0.0 start code/svelte-app
> sirv public --no-clear


  Your application is ready~! 🔨

  - Local:      http://localhost:5000
  - Network:    Add `--host` to expose

  ──────────────── LOGS ────────────────
```

圖 2-1 執行 npm start 後的終端機輸出

1　樣板內容可參考連結 https://github.com/sveltejs/template

在執行以上指令前，本地環境需要先安裝 node.js。請參照 1-6 安裝。

程式碼編輯器

在本地開發時通常會使用程式碼編輯器來撰寫程式碼，程式碼編輯器通常會有程式碼高亮、程式碼片段搜尋、自動補全、偵錯功能，方便開發者開發。

筆者推薦使用 Visual Studio Code[2] 當作程式碼編輯器，Visual Studio Code 是由微軟開發的免費跨平台程式碼編輯器，功能非常豐富之外，也有許多擴充套件可使用。

若使用 Visual Studio Code 開發，可另外安裝 Svelte for VS Code[3] 擴充套件。在打開 .svelte 檔案開發 Svelte 元件時能夠具有 Syntax Highlight，也能針對 Svelte 語法做自動補全。

2-2 使用 Rollup 開發 Svelte

Svelte 必須透過編譯生成程式碼，因此必須要搭配模組打包工具（module bundler），在建構時期先編譯後再生成 JavaScript 程式碼。由於 Svelte 作者本人就是 Rollup 的作者，因此 Svelte 大多以 Rollup 當作模組打包工具。

如果想要快速進行開發，可直接下載官方提供的樣板，裏頭已有內建的 Rollup 設定檔只要安裝好必要套件就能馬上進行開發。

設定 rollup.config.js

Rollup 可使用檔名為 rollup.config.js 設定，設定的選項可以參考官方文件[4]，為了讓 Rollup 知道如何編譯 Svelte 程式碼，還需要另外下載 rollup-plugin-svelte 套件。

2　Visual Studio Code 官方網站 https://code.visualstudio.com
3　https://marketplace.visualstudio.com/items?itemName=svelte.svelte-vscode
4　https://rollupjs.org/guide/en/

一個簡單的 rollup.config.js 設定檔如下：

```
import commonjs from '@rollup/plugin commonjs';
import resolve from '@rollup/plugin-node-resolve';
import css from 'rollup-plugin-css-only';
import svelte from 'rollup-plugin-svelte';

export default {
    input: 'src/main.js', // 以 src/main.js 檔案為專案入口
    output: {
        sourcemap: true, // 是否產生 sourcemap
        format: 'iife', // 生成程式碼使用立即呼叫函式表達式格式
        name: 'app', // 生成程式碼後的變數名稱
        file: 'public/build/bundle.js' // 生成後的檔案名稱
    },
    plugins: [
        svelte({ // svelte 編譯設定可參考第三章
            compilerOptions: {
                dev: !production
            }
        }),
        css({ output: 'bundle.css' }), // 產生 css 檔案
        resolve({ // 使用 node.js 尋找模組的方式來搜尋第三方套件
            browser: true,
            dedupe: ['svelte']
        }),
        commonjs(), // 將 commonjs 格式的模組轉為 ES6 程式碼讓 rollup 能夠編譯
    ]
};
```

輸出的物件必須要符合 Rollup 規定的格式。引入 rollup-plugin-svelte 套件並將編譯選項寫入 plugins 陣列後就能夠編譯 Svelte 程式碼了。

更詳細的設定檔設定，可以參考本連結：https://github.com/kjj6198/svelte-route-example。

2-3 / 使用 webpack 開發 Svelte

要在 webpack 當中使用 Svelte，需要另外安裝 loader。Svelte 官方 GitHub 當中有提供 svelte-loader 給開發者使用，可在 sveltejs/svelte-loader 找到 [5]，在 GitHub 的 README 文件中可以找到使用方法。

設定 webpack.config.js

開發者需要透過 webpack.config.js 告訴 Webpack 如何打包程式碼，由於設定檔案的內容較多，此處擷取 Svelte 設定的片段：

```
...
[
  {
    test: /\.svelte$/,
    use: {
      loader: 'svelte-loader',
      options: {
        compilerOptions: {
          dev: !prod
        },
        emitCss: prod,
        hotReload: !prod
      }
    }
  },
  {
```

---

5 https://github.com/sveltejs/svelte-loader

```
    test: /\.css$/,
    use: [
      MiniCssExtractPlugin.loader,
      'css-loader'
    ]
  },
  {
    // Webpack 5 當中需要加入此設定避免錯誤
    test: /node_modules\/svelte\/.*\.mjs$/,
    resolve: {

      fullySpecified: false
    }
  }
]
..
```

更詳細的 webpack 設定可以到 sveltejs/template-webpack[6] 參考。

2-4 基本語法介紹

在 Svelte 當中，元件是組成 UI 的最小單位，以副檔名為 .svelte 做命名。例如：Profile.svelte。

Svelte 元件的格式與 HTML 相容，以三個部分組成：<script>、<style> 與 UI 內容，不需另外定義 body 標籤與 head 標籤。

---

6 https://github.com/sveltejs/template-webpack

```
<script>
   // 要執行的 JavaScript
</script>

<style>
   /* 元件的樣式（定義的樣式只會作用在此元件中）*/
</style>

<div>

</div>
```

圖 2-2　Svelte 元件內容

　熟悉 HTML 的讀者會覺得「咦？這不就是一般的 HTML 嗎？」，這就是 Svelte 最神奇的地方！ Svelte 在語法上跟 HTML 完全相容，因此開發者不需要學習太多的新語法，也能夠快速熟悉 Svelte 元件的開發方式。

　Svelte 會對 <script> 裡的 JavaScript 另外做處理，行為也和一般 HTML 不同，除了一般的 HTML 之外，Svelte 也提供了其他樣板語法來簡化開發時常見的操作，我們在之後的章節會說明。

> **.svelte** 為 **Svelte** 編譯器預設的副檔名，開發者根據需求也可以自行修改。不過在 **Svelte** 生態圈當中，開發者通常都以 **.svelte** 為副檔名，因此若無必要建議使用預設的副檔名即可。

使用元件

　在 Svelte 元件裡可以引用其他 Svelte 元件：

```
// Profile.svelte
<p>This is my profile</p>
```

當我們建立 Profile.svelte 檔案之後，這個檔案就能夠被當作 Svelte 元件在其他 Svelte 元件當中做使用：

```
// App.svelte
<script>
  import Profile from './Profile.svelte'
</script>
<Profile />
```

透過 import 語法就可以將 Profile 元件引入到 App 元件當中。

一般的 JavaScript 語法並不能引入除了 JS 以外的檔案，但 Svelte 編譯器會先將元件做特殊處理，編譯為 JavaScript 程式碼之後再載入，因此不會出現錯誤。

變數與表達式

在 Svelte 當中，可以在大括弧裡引用變數或是執行 JavaScript。

一般的 HTML 並沒有變數與表達式功能

假如在元件當中想要使用 script 裡的變數，只要用大括弧包起來即可：

```
<script>
  let age = 20;
  let name = 'Jack';
</script>


<div>{name.toUpperCase()} 的年齡為 {age}</div>
```

此時畫面會顯示 JACK 的年齡為 20。

在大括弧中表示變數時 Svelte 首先會查找 <script> 裡的變數，再尋找全域變數。如果變數未宣告的話，Svelte 在編譯時會跳出警告。

在 Svelte 當中，如果改變 <script> 裡的變數，那麼在畫面上顯示的值也會改變，在這個範例當中，如果將 name 改為 Jacky，那麼畫面上顯示的文字也會即時變化。

特別要注意的地方在於，儘管我們可以使用接近 HTML 的方式撰寫元件，但在 Svelte 元件裡**變數的行為與一般 JavaScript 的行為是完全不同的**，在 JavaScript 當中如果沒有使用任何框架，直接改變變數的值，也不會讓畫面自動更新。

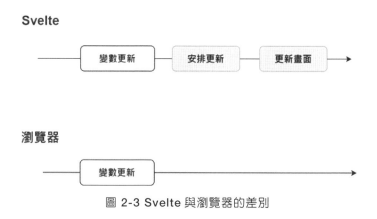

圖 2-3 Svelte 與瀏覽器的差別

2-5　資料傳遞與標籤

元件之間需要互相傳遞資料，彼此不需要知道詳細實作，只要將對應的資料傳入即可。在 Svelte 元件中，我們通常把這些在元間之間傳遞的資料稱作 props（property / 屬性）。

建立元件屬性

要傳遞資料,首先要知道這個元件需要的屬性有哪一些。在 Svelte 當中我們可以在變數宣告前用 export 標記此變數為元件屬性。

```
<script>
  export let age; // 變數的值會從其他元件傳過來
  export let name = 'Jack'; // 如果沒有傳入 name 變數,預設值為 Jack
</script>
```

圖 2-4 Svelte 建立元件屬性的方式

傳遞屬性

Svelte 傳遞屬性的方式與 HTML 的 attribute 類似,Svelte 在語法上更加彈性。

```
<script>
  import Profile from './Profile.svelte';
</script>

<Profile age="22" name="Svelte" /> <!- 將 age 與 name 的值傳入 Profile  -->

<Profile age=22 name=Svelte /> <!- 不用 "" 包起來也可以  -->

<Profile age={Math.random()} name="Svelte" /> <!- 也可以用 {} 執行表達式  -->
```

圖 2-5 Svelte 傳遞屬性的方式

在 Svelte 當中，如果標籤名稱與變數名稱相同，也可以省略標籤名。

```
<script>
  let src = "https://via.placeholder.com/150"
</script>

<img {src} />
<!-- 效果等同於 -->
<img src={src} />
```

圖 2-6　變數名稱與標籤名稱相同時可省略

2-6　$ 響應式語法

在互動性較高的前端應用當中，畫面上的資訊會時常更動。例如：

- 在搜尋欄中輸入關鍵字，呼叫 **API** 並顯示搜尋結果

- 當資料改變時，重新計算結果並顯示在畫面上

- 對元件的屬性事先做運算或操作

可以發現，這些「當某個資料改變時，執行某動作」的場景，在前端當中是相當常見的。Svelte 為了讓開發者能夠以心智負擔較小的方式來應付這種場景，使用了特別的語法來表示。

響應式語法是 Svelte 相當重要且實用的功能，在本書的其他範例中都會出現。

響應機制的使用方式

為了讓讀者更理解響應式機制的原理，我們以一個倒數計時的應用舉例，通常倒數計時的應用有兩個地方需要注意：

- 在倒數為 **0** 時，停止計時器

- 將原本 **number** 的型別以 **xx:xx** 的格式表示

```
<script>
  import { onMount } from 'svelte'; // 生命週期方法,在之後章節會有詳細解說
    let countdown = 90;
    let timer;

    onMount(() => {
        timer = setInterval(() => {
            countdown -= 1;
        }, 100);
    });

    // 當 countdown 有變化時,重新執行這段程式碼
    // 在 countdown 為 0 時停止計時
    $: if (countdown === 0) {
        clearInterval(timer);
    }

    // 當 countdown 有變化時
    $: displayValue = formatTime(countdown);
</script>

<span>{displayValue}</span>
```

　　這樣子的需求就非常適合使用 Svelte 的響應式機制 $ 來處理。

　　在 $: 後的程式碼,Svelte 會自動分析依賴關係,並且只有在依賴變數改變時才會重新執行,避免不必要的效能損失。在上述的例子當中,只有 countdown 值改變的時候,$ 後的程式碼才會重新執行。

　　執行程式碼之後,我們可以看到畫面上的倒數計時會是以 01:30 的方式顯示。

$: 這樣子的語法雖然很少見，但它是一個合法的 **JavaScript** 語法，稱作標籤陳述式（**label statement**）。標籤的命名可以自行決定，一般的 **JavaScript** 應用開發中，很少有開發者會使用這個語法，因此 **Svelte** 借用了標籤語法，並賦予它完全不同的功能。

用響應機制執行 JavaScript 程式碼

除了用響應機制來賦值以外，Svelte 也允許透過響應機制來執行 JavaScript 程式碼。

在上述的範例當中，如果我們額外加入這段程式碼：

```
$: console.log(countdown);
```

那麼每次 countdown 值發生改變時，在 console 上就會列印出 countdown 的值。

響應機制的使用場景

畫面的顯示是由元件當中的其他值計算

- 在 **DOM** 更新之後執行對應的程式碼（如呼叫 **API**、更改 **UI** 等等）

- 關於更多響應機制的使用場景，可以參考 **Svelte** 實戰篇中的範例

使用響應機制時要注意的事

熟悉 React 的讀者會發現，$: 響應機制跟 useEffect hook 的行為有些類似。兩者都是在依賴變化時，會去執行相對的函數。不過在 Svelte 當中，我們並不需要明確地宣告依賴，Svelte 會去分析程式碼並自動追蹤依賴變化。

7　標籤陳述式的說明可參考 MDN 文件
　　https://developer.mozilla.org/zh-TW/docs/Web/JavaScript/Reference/Statements/label

　　雖然不需要將變數手動加入依賴陣列裡頭減少了開發者的心智負擔，但這也再次強調了 Svelte 必須透過編譯器的幫助，才能夠正常運作。

　　為了讓讀者對 Svelte 依賴追蹤機制有更深入的理解，我們來看看下面的程式碼：

```
<script>
    import { onMount } from 'svelte';
    const names = ['Jack', 'Kalan', 'Hoge', 'John', 'Tony'];
    let name = '';

    function pickName() {
      name = names[Math.floor(Math.random() * names.length)]
    }

    onMount(() => {
      setInterval(() => {
        pickName()
      }, 1000);
    })

    function logName() {
      console.log(name)
    }

    $: logName();
</script>
```

　　我們預期每次 name 變數改變時，logName 會重新執行，並且列印出 name 的值。但實際上 logName 只執行一次而已，是哪裡出問題了？

　　前面我們有提到，對 $: 後的程式碼 Svelte 會**自動**分析變數依賴，由於 logName() 後面並沒有任何參數，所以 Svelte 判定這段程式碼並沒有任何依賴，也就不會執行。

　　我們必須要將 name 這個變數明確地放入 $: 程式碼片段當中，Svelte 才有辦法有效感知到 name 的存在並加入依賴追蹤。

　　因此這段程式碼應該這樣改寫：

```
<script>
    import { onMount } from 'svelte';
    const names = ['Jack', 'Kalan', 'Hoge', 'John', 'Tony'];
    let name = '';

    function pickName() {
      name = names[Math.floor(Math.random() * names.length)]
    }

    onMount(() => {
      setInterval(() => {
        pickName()
      }, 1000);
    })

    function logName(param) {
      console.log(param)
    }

    $: logName(name);
</script>
```

　　這樣 Svelte 才知道每次 name 改變時，應該重新執行 logName 函數。

2-7　如何加入樣式

　　在 Svelte 當中，元件的樣式可以直接透過 <style> 定義。

```
<style>
  h1 {
    font-size: 40px;
  }
</style>
<h1>Hello</h1>
```

我們可以直接使用標籤選取器選取 h1 而不需要擔心會與其他的元件樣式衝突，Svelte 在編譯時，會將元件的樣式加上額外的 class，這個 class 會有唯一的 hash 值來避免與其他元件衝突。圖 2-10 在 Svelte 編譯後會加入類別名稱。

```
<h1 class="svelte-3b6dyo">Hello</h1>
```

svelte-3b6dyo 就是由 Svelte 產生出的 hash 值。

:global

如果想要讓樣式套用到全域當中，可以加入 :global 這個修飾器，Svelte 會將 hash 值移除。

```
div :global(.test) {
  font-size: 12px;
}
```

2-8　Svelte 當中的 class

在 Svelte 當中對 CSS 的類別名稱有另外做處理，讓開發者想要動態加入、刪除類別名稱時更加輕鬆。

```
<style>
  .profile {
    font-size: 14px;
    color: red;
  }
</style>

<h1 class="profile">Hello</h1>
```

　　一般靜態的類別命名當然沒有問題之外，Svelte 還會另外檢查這個 class 是否有使用。我們加入一個新的類別，但這次故意不使用，觀察一下 Svelte 編譯的行為。

```
<style>
  .profile {
    font-size: 14px;
    color: red;
  }

    .test {
       font-size: 40px;
    }
</style>

<h1 class="profile">Hello</h1>
```

　　在範例中，我們加入了 test 類別，卻沒有在 HTML 當中使用，這時 Svelte 跳出了警告訊息。

```
Unused CSS selector ".test" (7:1)
```

動態新增、刪除類別

在前端互動當中，我們時常需要根據當前的狀態來切換 UI 的樣式，例如當按鈕無法點按時，通常會降低透明度，或是將游標設為 not-allowed 圖示讓使用者知道這按鈕現在無法點按。在 Svelte 上，我們可能會這樣寫：

```
<button class="{disabled ? 'disabled' : ''}">Click Me</button>
```

雖然說這樣寫也能夠表達意圖，但是如果一個元件有複數個類別的話，會讓 class 裡的表達式變得較為雜亂。

Svelte 提供了一描述符語法來簡化此操作。

```
<script>
  let disabled = true;
</script>
<style>
.disabled {
    cursor: not-allowed;
}
</style>
<button class:disabled={disabled}>Click Me</button>
```

將類別名稱與變數名稱綁定後，當變數值為 true 時，Svelte 會套用 disabled 類別名；當變數值為 false 時，Svelte 會移除 disabled 類別。

這樣我們就可以將樣式拆分為固定的部分以及可能會隨狀態更動的部分：

```
<button class="button" class:disabled={disabled}>Click Me</button>
```

開發者可以很容易從這樣的語法來分辨每個類別的作用，以及類別分別依賴哪些變數做計算。

如果變數名稱與類別名稱相同，則後面的 {} 可以省略。

```
<button class="button" class:disabled={disabled}>Click Me</button>
```

效果等同於

```
<button class="button" class:disabled>Click Me</button>
```

當然，{} 裡面也不一定要接變數，也可以是任意表達式。

```
<button class:disabled={!window.navigator.onLine}>Click Me</button>
```

2-9 特殊標籤 @html

Svelte 在渲染字串時，預設會跳脫任何 HTML 字元來避免 XSS 攻擊。在實務上，有時前端需要將 HTML 完整渲染出來，例如某些文字需要動態從後端送來，並且想透過 HTML 語法加入連結、粗體等效果，Svelte 提供了 @html 當作渲染 HTML 的方式。使用方式如下：

```
<script>
let text = '<p> 請參考 Svelte 的 <a href="https://svelte.dev"> 官方網站 </a></p>"';
</script>

<div>{@html text}</div>
```

這樣子就能夠成功渲染 HTML。

使用 @html 時，Svelte 並不會幫你做任何檢查，會直接將傳入的值渲染出來。只有當開發者非常確定接收的值是固定的，或是可信任的來源，才使用 @html 來渲染 HTML，以免發生 XSS 攻擊[8]。

---

8 跨網站指令碼，攻擊者透過安全漏洞將惡意程式碼注入到網站當中

在開發應用時，使用者來自四面八方，其中也包含攻擊者，因此我們不可以全然相信使用者的輸入，以免造成安全漏洞。

2-10 特殊標籤 @debug

在開發時時常需要觀察某資料的變化，確保實作正確。通常開發者會使用 console.log 將想要觀察的變數印出。Svelte 提供了 @debug 標籤讓開發者可以透過更直覺的方式除錯。

@debug 可接收變數，當變數產生變化時會將 @debug 後的變數或陳述式印出。

```
<script>
    let user = {
        name: 'kalan',
        age: 24
    };
</script>

{@debug user}

<h1>Hello {user.name}!</h1>
```

會在 console 上印出 user 物件內容。如果單獨加入 @debug 而沒有任何參數，那麼 Svelte 會在生成程式碼中加入 debugger 陳述式，在更新元件時觸發。

2-11　邏輯判斷語法（if, else）

在 Svelte 當中可使用 template 語法作邏輯判斷。使用方式如下：

```
{#if condition}
  <p>內容</p>
{/if}
```

這個語法並不是 HTML 內建的語法，而是 Svelte 另外發明的樣板語法之一。除了一般的 if 之外，也可以使用 else 與 else if：

```
{#if condition}
{:else if condition}
{:else}
{/if}
```

在 svelte 當中，if、else if 的語法也具有響應式的特性。也就是說如果當變數改變時，判斷式也會再執行一次。

```
<script>
  let isHidden = false;
  setInterval(() => {
    isHidden = !isHidden;
  }, 1000);
</script>

{#if !isHidden}
  <a href="/about">About me</a>
{/if}
```

在上面的程式碼當中，每秒都會改變 isHidden 變數，由於 if 區塊語法具有響應式的特性，只要 isHidden 變數有任何變化，都會重新執行 if 區塊，因此在畫面上會看到超連結不斷消失與出現。

2-12 迴圈語法

將列表中的內容一一顯示在畫面上是前端應用常見的場景之一，因此 Svelte 當中提供了 each 語法執行迴圈。

比方說有一個陣列 [1,2,3,4,5] 想要渲染出來的話，可以這樣子寫：

```
<script>
   let arr = [1,2,3,4,5]
</script>


{#each arr as num}
   <span>{num}</span>
{/each}
```

num 為區域變數，這個區域變數只會作用在 #each 的區塊當中。

加入 index

除了存取陣列當中的值，Svelte 的迴圈語法也可以加入 index，使用方式如下：

```
<script>
   let arr = [1,2,3,4,5]
</script>


{#each arr as num, idx}
 <span>{num}</span>
 <span>{idx}</span>
{/each}
```

其中 num 與 idx 皆可自由命名，變數的作用域只會存在 each 區塊語法當中。

為列表物件加入 key

在 Svelte 當中，key 的表示方式是在 {#each} 最後在括號內表示 kcy 的欄位。以下範例中，people 這個陣列有三個物件，每個物件都有 id 欄位，如果要在 each 區塊中使用 id 當作 key，可以這樣寫：

```
<script>
    let people = [
      { id: 1, name: 'Jack' },
      { id: 2, name: 'Tony' },
      { id: 3, name: 'Kalan' }
    ];
</script>

{#each people as person (person.id)}
  <div>
    {person.name}
  </div>
{/each}
```

key 可以幫助 Svelte 快速辨認陣列中的物件是否改變或增刪，如果發現陣列裡頭已經有相同 id，那麼我們就只需要移動對應節點的位置，而不需要再次刪除、建立節點，進而節省效能。

為了達到有效的 diff 演算，**key 應該選擇列表當中的唯一值**。在本範例當中，每個物件的 id 都不相同，因此非常適合拿來當作 key。

在 Svelte 當中，key 的定義方式與 React、Vue 較為不同，如果沒有特別注意，甚至不知道原來在迴圈語法後面加入括號 () 裡頭標註欄位就是 key 的意思。

另外，就算沒有特別定義 key，Svelte 也不會跳出警告，但為了確保效能在資料有唯一值可辨識時仍然建議加入 key 做優化。

跟其他 Svelte 語法一樣，除了一般的變數之外，也可以使用表達式：

```
{#each [1,2,3,4,5].filter(num => num % 2 === 0) as num}
  <div>
    {num}
  </div>
{/each}
```

2-13 事件綁定與客製化事件

在前端的畫面當中，通常不會只是靜態的 HTML，而是有許多互動需要處理。舉例來說，當使用者點擊按鈕、移動滑鼠、滾動滾輪時，程式可能需要做出對應的處理，如呼叫 API、播放動畫等等。

這些我們感興趣的行為，在瀏覽器 JavaScript 當中通常稱作事件（event）。在瀏覽器當中 window 物件以及每個元素中都具有 addEventListener 以及 removeEventListener 函數，分別可以用來註冊事件監聽器以及刪除事件監聽器。[9]

Svelte 的事件監聽機制採用原生的瀏覽器事件，並沒有太多包裝。在 Svelte 裡可以透過 on 這個描述符來註冊事件監聽器，當事件發生時就會執行事件監聽器的函數；Svelte 會自動管理事件監聽器的註冊與移除，當節點掛載以及刪除時，會註冊以及銷毀對應的事件監聽器。

Svelte 當中的事件監聽器使用方式如下：

```
<script>
  function handleClick(e) {
    console.log(e.target)
```

9　DOM 當中的事件傳遞概念在前端應用當中相當重要，建議讀者對瀏覽器事件機制有一定程度的理解之後再來閱讀本章節。可參考 MDN 上的說明 https://developer.mozilla.org/en-US/docs/Web/API/Event。

```
  }
</script>

<button on:click={handleClick}>click me</button>
```

在這個例子當中，使用者點擊按鈕時會呼叫 handleClick 函數，並傳入 Event 物件，裡頭包含點擊的節點等資訊。在瀏覽器當中 DOM 節點可以監聽的事件非常多，只要是合法的事件名稱都可以透過 on 描述符來掛載監聽器。

在 Svelte 當中還可以使用同一個事件監聽器分別監聽不同的函數，例如使用兩個 on:click 但使用不同的函數觸發，讓事件的處理邏輯變得更模組化。

```
<script>
  function getNow() { console.log(Date.now()) }
  function handleClick(e) {
    console.log(e.target)
  }
</script>

<button on:click={handleClick} on:click={getNow}>click me</button>
```

使用修飾符（modifier）

在前端的事件處理當中，有一些常見的使用場景，像是取消事件預設行為、只監聽事件一次、想要在捕獲階段觸發監聽器等，通常開發者會在事件監聽器的函數內處理。

不過 Svelte 提供了另外一種方式來簡化這些使用者情境，開發者可以在事件名稱後加入 | 當作修飾符，減少事件監聽器函數內重複的程式碼。可以使用的修飾符如下：

- **preventDefault**
- **stopPropagation**

- ■ passive

- ■ nonpassive

- ■ capture

- ■ once

- ■ self

接下來會一一介紹每個修飾符的行為。

修飾符（modifier）為 Svelte 對此語法的稱呼，在其他程式語言中可能有不同的涵義與表現方式。

preventDefault: 取消預設行為

像 <button> <a> 之類的 HTML 標籤，在使用者點擊之後會有預設行為，例如引導至指定的超連結、將表單的內容送出等，有時並不是開發者預期的行為。

在前端應用當中，開發者可能想透過 JavaScript 預處理表單內容再送出，或是使用前端的導航功能避免頁面重新整理。要避免瀏覽器的預設行為，可以在事件監聽器的函數當中呼叫 event.preventDefault() 這個 API。

```
<script>
  function handleClick(e) {
    e.preventDefault();
    console.log(e.target);
  }
</script>

<button on:click={handleClick}>click me</button>
```

不過每次都在函數當中呼叫有些麻煩，因此 Svelte 當中提供了修飾符來簡化這些常見的使用場景。

使用方式是在事件名稱後加入 | ，並加入對應的字串。以取消事件預設行為來說，可以使用：

```
<script>
  function handleClick(e) {
    console.log(e.target)
  }
</script>

<button on:click|preventDefault={handleClick}>click me</button>
```

在範例當中，我們使用 e 當作名稱作為接收事件監聽器觸發後傳入的 callback 作為參數。這是因為事件監聽器傳入的 callback 中參數的定義為 Event，取第一個字母 e 當作簡寫。

在本書當中如果沒有特別說明，e 所代表的意思即為事件監聽器的 callback 參數。

stopPropagation: 阻止事件繼續進行捕捉及冒泡到其他元素

在畫面當中，通常 DOM 節點為樹狀，意味著元素當中通常會有一個到多個子元素：

```
<script>
  function handleClick(e) {
    console.log(e.currentTarget)
  }
</script>

<div id="1" on:click={handleClick}>
    <div id="2" on:click={handleClick}>
```

```
    <button on:click={handleClick}>click me</button>
  </div>
</div>
```

如果我們在 <button> 的父元素（id=2）、以及祖父元素（id=1）都加入 click 事件監聽器，此時點擊 <button> 時，在沒有其他參數設定下瀏覽器會從 window 向子元素尋找（div#1 → div#2 → button）直到 button 元素，再由下往上（button → div#2 → div#1）依序觸發事件監聽器。

因此在程式碼範例當中，可以從 console 當中發現觸發順序分別為 button、div#2、div#1。

由上往下的過程（由 window 向子元素）稱為「捕獲階段（capture phase）」；找到目標元素的過程稱為「目標階段（target phase）」；由下往上的過程則稱為「冒泡階段（bubbling phase）」，在學習事件機制時，我們通常會用「先捕獲、再冒泡」來理解。

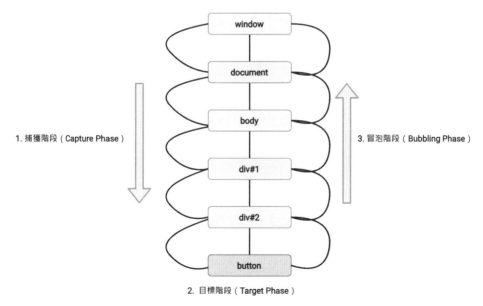

圖 2-7 DOM 事件的傳播機制（先捕獲，再冒泡）

加入 stopPropagation 修飾符可以取消**事件向上冒泡階段的行為**，防止事件向父元素傳遞。舉例來說，如果在 div#id2 加上 stopPropagation 的話，那麼 click 事件只會冒泡至 div#2，不會再向上傳遞事件。

```
<div id="1" on:click={handleClick}>
    <div id="2" on:click|stopPropagation={handleClick}>
      <button on:click={handleClick}>click me</button>
    </div>
</div>
```

再次觀察 console 的輸出，可以發現事件 div#1 的監聽器函數並沒有被觸發，這是因為我們在 div#2 加入了 stopPropagation 描述符。stopPropagation 描述符效果等同於在監聽函數內呼叫 e.stopPropagation()[10]。

capture

在 stopPropagation 章節中有提到，瀏覽器的事件分成三大階段：捕獲階段（capture phase）、目標階段（target phase）與冒泡階段（bubbling phase）。

一般來說，預設的事件監聽器函數會在**冒泡階段**與**目標階段**時觸發，在捕獲階段時並不會觸發事件監聽器函數。若要改變事件監聽器的觸發時機，在 Svelte 當中可以使用 capture 描述符來實作：

```
<div id="1" on:click={handleClick}>
    <div id="2" on:click|capture={handleClick}>
      <button on:click={handleClick}>click me</button>
    </div>
</div>
```

這樣一來，div#2 的事件監聽器就會在**捕獲階段**時被呼叫，事件監聽器的呼叫順序也會變為：div#2 → button → div#1。這是因為 div#2 在**捕獲階段**就會被呼叫，所以會比其他的元素還要早，而其他元素則是在**冒泡階段**才會被呼叫。

10　https://developer.mozilla.org/zh-TW/docs/Web/API/Event/stopPropagation

可以發現當事件已經在捕獲階段時呼叫的話，在冒泡階段就不會再次觸發，所以在 div#2 中，因為使用 capture 修飾符的關係，所以事件監聽器函數只有被觸發一次而已。

在大部分的情況下，我們都會讓事件監聽器函數在冒泡階段觸發。因此使用 capture 的時機較少。

不過，在瀏覽器當中有些事件並沒有冒泡階段，如 blur 以及 focus 事件。如果想要在一個 DOM 節點上監聽全部 input 或是 button 的 blur 事件時就必須在捕獲階段時處理。

```
<script>
  function log(e) {
    console.log('blur 事件觸發！', e.target.id);
  }
</script>


<div on:blur|capture={log}>
    <input id="1" />
    <input id="2" />
    <button id="3" />
</div>
```

在上面的程式碼範例當中，如果想要接收 div 裏頭所有的 blur 事件，需要在 div 當中加入 capture 修飾符才能成功監聽事件。因為 blur 並沒有冒泡階段，因此必須在捕獲階段時執行事件監聽器函數。如果沒有加入 capture 修飾符，此程式碼無法按照預期執行。

passive/nonpassive

在畫面當中像是 scroll、wheel、touchmove 等與捲動有關的操作，通常會在短時間內觸發很多次事件，瀏覽器為了檢查開發者是否有取消滾動（也就是呼叫 e.preventDefault 函數），需要實際執行事件監聽器函數才知道。

如果監聽器函數的實作需要花太多時間，很容易造成滾動的體驗不佳或是出現卡頓的情形。因此與捲動相關的事件類型，可以加入 passive: true 參數，告訴瀏覽器這個事件不會呼叫 e.preventDefault，可以直接執行滾動的 UI 行為，不必確認函數內的實作。

Svelte 對於這類型的事件會自動加上 passive 參數做優化，如果沒有指定參數，瀏覽器也會自動使用 passive: true 的方式來處理事件。

不過，如果想要取消預設的滾動行為時，就需要使用 nonpassive 描述符，明確告訴瀏覽器檢查事件裡頭的實作。

```
<script>
  function handleScroll(e) {
    console.log(" 取消滾動行為 ");
  }
</script>

<div
  on:scroll|nonpassive|preventDefault={handleScroll}
  on:wheel|nonpassive|preventDefault={handleScroll}
>
  <p> 段落 </p>
</div>
```

在 div 區塊當中滾動或是使用滾輪滾動，可以發現預設的滾動行為無效，handleScroll 函數也有被正確呼叫。

Svelte 的事件監聽語法中可以同時使用多個修飾符，每個修飾符使用 | 連接。在這個程式範例當中同時使用了 nonpassive 以及 preventDefault。

大部分的情況下，開發者應盡可能保留預設的滾動行為，因為使用者對捲動的操作習慣不同，客製化的滾動行為反而會造成使用者反感。

不過在做網頁遊戲、互動式文章、沉浸式閱讀等講求高互動性的內容時，妥善利用捲動事件反而可以達到不錯的效果，例如使用滾動來做前進、回放。

once

當我們註冊了事件監聽器，但只想觸發一次的時候就可以使用 once 修飾符。例如點擊一次按鈕之後改變畫面或狀態，並同時將事件監聽器移除；once 也可以使用在點擊按鈕呼叫 API 的場景當中，儘管使用者多次點擊按鈕，也只會有一個請求發送。

為了更清楚展示使用情景，我們先來看一下程式碼：

```
<script>
  let data;
  function handleClick(e) {
    fetch("https://api.github.com/users/kjj6198")
      .then((res) => res.json())
      .then((d) => (data = d));
  }
</script>

<button on:click={handleClick}> 取得 Github 資料 </button>

{#if data}
  <h2>{data.login}</h2>
  <p>{data.bio}</p>
{/if}
```

這個 Svelte 元件功能很簡單，當按鈕按下時使用 fetch 呼叫 GitHub API 取得使用者資訊，將結果賦值給 data 變數，並顯示在畫面上。

不過如果打開 debug 工具當中的網路分頁，可以發現每次按下按鈕都會呼叫一次 API，儘管 API 正在呼叫，或是已經取得回傳結果了。這是因為每次按下按鈕時，事件監聽器函數都會觸發，對事件監聽器來說，它並不會因為 API 的結果而暫停。

圖 2-8　按下按鈕數次，API 也會不斷呼叫

因此我們可以加上 once 描述符確保事件只會發生一次。

```
<button on:click|once={handleClick}>
    取得 Github 資料
</button>
```

可以發現除了按鈕第一次按下後會發送請求，接下來不管怎麼按按鈕都不會有反應了！

本範例的做法有些缺點,像是沒有將按鈕 disabled 避免點擊事件發生,移除事件的方式也比較缺乏彈性。

self

在 stopPropagation 的章節時我們有介紹過,瀏覽器的事件傳遞機制主要分為三大階段:捕獲階段、目標階段與冒泡階段。預設的事件監聽器函數都會在**冒泡階段觸發**。

大多數的事件如果沒有特別設定參數,都具有向上傳遞(冒泡機制)的特徵,也就是說事件觸發會層層向父元素傳遞直到 window。

雖然我們可以利用這個特性實作事件委託(delegation),但有時這並不是開發者想要的行為。假設現在畫面上有數個按鈕被 div 包起來:

```
<div on:click={handleClick}>
  <button>按鈕 1</button>
  <button>按鈕 2</button>
  <button>按鈕 3</button>
</div>
```

使用者按下按鈕時,根據瀏覽器的事件傳遞機制,儘管 button 並沒有監聽任何 click 事件,在 div 的 click 事件監聽器函數也會被觸發。

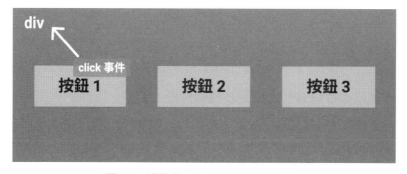

圖 2-9 按鈕的 click 事件冒泡至 div

這個行為符合大部分的情景，因為開發者通常會預設事件本身作用的範圍包含整個子元素。

不過在有些情況下，開發者只想要監聽在元素上發生的事件，而不想要監聽從其他子元素冒泡上來的事件。

想要避免子元素的事件觸發該元素的事件監聽器，一般可以透過兩種方式：

❶ 在子元素的事件監聽器函數中加上 e.stopPropagation 避免冒泡

❷ 使用 e.target 以及 e.currentTarget 是否相等來判斷當前的事件是從其他元素冒泡上來

第一個方式有明顯的缺點，在所有的子元素的事件監聽器函數當中都必須要呼叫 e.stopPropagation 避免事件向上傳播，如果忘記使用呼叫 e.stopPropagation 可能會有遺漏而產生潛在的 bug。

通常在實作中會採用第二個方法，也就是透過 e.target 與 e.currentTarget 是否相等來判斷。在 Svelte 當中可以使用 self 修飾符來達成同樣的效果。

```
<div on:click|self={handleClick}>
  <button> 按鈕 1</button>
  <button> 按鈕 2</button>
  <button> 按鈕 3</button>
</div>
```

這樣一來，儘管在畫面上按下按鈕，在 handleClick 函數也不會被呼叫。按下其他 div 包起來的區域，可以發現 handleClick 函數順利呼叫。

關於 self 修飾符的實際使用案例，可以參考 4-4 章節。

客製化事件（CustomEvent）

除了瀏覽器原生的事件之外，在 Svelte 中也可以自行定義事件，在適當的時間點觸發。

大部分的瀏覽器支援開發者自己定義事件，包含自定義的事件名稱與自定義的參數。這樣一來，我們就可以沿用 addEventListener 與 removeEventListener 實作自定義的事件。

Svelte 對瀏覽器的 CustomEvent[11] 做進一步的包裝，開發者可以使用 CustomEvent 與 on 描述符自行定義事件。

CustomEvent 繼承了 Event 的屬性，因此可以使用 Event.target、Event.currentTarget 等屬性。

自定義事件的使用方法有三個步驟：

- 從 **svelte** 當中引入 **createEventDispatcher**
- 呼叫 **createEventDispatcher** 後會回傳 **dispatch** 函數
- 觸發事件時呼叫 **dispatch** 函數

App.svelte

```
<script>
  import Timer from "./Timer.svelte";
  function handleCustomEvent(e) {
    console.log(`type: ${e.type}`);
    console.log(`detail:`, e.detail);
  }
</script>

<Timer on:finish={handleCustomEvent} />
```

---

11 https://developer.mozilla.org/zh-TW/docs/Web/API/CustomEvent

Timer.svelte

```
<script>
  import { onMount, createEventDispatcher } from "svelte";
  const dispatch = createEventDispatcher();

  onMount(() => {
    setTimeout(() => {
      dispatch("finish", { coundown: 4 });
    }, 1000 * 4);
  });
</script>
```

在範例程式碼當中，在 Timer.svelte 使用自定義事件 finish，元件掛載四秒後會發出 finish 事件，在 App 元件當中使用 on 描述符時可以監聽 finish 事件，並取得 EventTarget 取得相關資訊。

在範例程式碼當中將 e.type 與 e.detail 列出，可以發現 type 為 finish，也就是 dispatch 第一個參數，e.detail 則是 dispatch 的第二個參數。

使用 createEventDispatcher 函數時要注意，Svelte 會將 CustomEvent 設定為不可冒泡以及不可取消，因此任何使用 createEventDispatcher 的事件都不會有事件向上傳播的行為，也沒辦法透過 e.preventDefault 取消其行為。

2-14　await 區塊語法

前端開發時常需要處理各種非同步的行為，例如呼叫 API、檔案處理等等。在前端當中，非同步的操作主要會使用 Promise 當作介面溝通。

Promise 物件代表一個非同步操作，提供了兩個方法 .then 與 .catch 給開發者串接，只要使用 Promise 包裝非同步的操作，開發者就不需要考慮內部的實作，只要呼叫 .then 等待回傳函數，或是當錯誤時使用 .catch 處理即可。

雖然非同步的操作方式讓我們無須等待 API 回傳的結果也能夠即時更新畫面，不過這也讓整體的實作變得複雜一些。

這個範例當中，我們試著使用 fetch 來呼叫 GitHub API，並使用 Svelte 將使用者名稱與簡介顯示在畫面上。

```svelte
<script>
  import { onMount } from "svelte";
  let loading = true;
  let data;
  let error;

  onMount(() => {
    fetch("https://api.github.com/users/kjj6198")
      .then((res) => res.json())
      .then((d) => {
        data = d;
        loading = false;
      })
      .catch((err) => (error = err));
  });
</script>

{#if loading}
  <span>正在載入中 ...</span>
{/if}
{#if data}
  <p>{data.name}</p>
```

```
    <p>{data.bio}</p>
{/if}
```

　在這個程式碼範例當中，我們在元件掛載時呼叫 API，當 API 載入完成時將結果放入變數 data 觸發更新。程式碼雖然沒有太大的問題，但仔細觀察會發現：

- **每次 API 呼叫都需要額外宣告 loading 變數與 data 變數接收 promise 回傳的結果**

- **在畫面實作中需要使用 if 語法來判斷資料是否已載入**

- **如果要做錯誤處理則需要另外使用 error 變數來接收**

　對於 Promise 的非同步操作，Svelte 提供了 await 區塊語法整合，方便我們簡化程式碼：

- **await**：接收一個 Promise 物件，在 Promise 尚未被 resolve 或 reject 時會渲染此區塊

- **then**：在 await 當中的 Promise resolve 時會渲染此區塊

- **catch**：在 await 當中的 Promise reject 時會渲染此區塊

```
{#await promise}
// 在 promise 尚未被 resolve 時或 reject 時渲染此區塊
{:then data}
// 在 promise 被 resolve 時渲染此區塊
// 回傳的結果會傳給 data 當作區域變數
{:catch error}
// 在 promise 被 reject 時渲染此區塊
// 會將結果傳入 error 當作區域變數
{/await}
```

上述的範例程式碼透過 await 區塊語法可以改寫成：

```
<script>
    let api = fetch('https://api.github.com/users/kjj6198').then(res
=> res.json())
</script>
{#await api}
  <span>正在載入中 ...</span>
{:then data}
  <p>{data.name}</p>
  <p>{data.bio}</p>
{:catch err}
{/await}
```

可以發現雖然結果相同，但是透過 await 區塊語法改寫，可以大幅簡化程式碼以及閱讀性。

另外需要特別注意的地方在於範例當中我們傳入的 promise 有透過 res.json() 將 Response 物件轉為 JSON 物件，方便接下來的處理：

```
let api = fetch('https://api.github.com/users/kjj6198').then(res =>
res.json())
```

如果沒有呼叫 res.json()，fetch API 回傳的結果會是 Response 物件 [12]，因此直接存取 data.name 或是 data.bio 會是 undefined。

> **await** 區塊語法雖然可以簡化狀態的維護，不過在比較複雜的場景，像是使用分頁 **API**、**API** 之間有順序關係，或是有各種錯誤狀態需要額外定義做處理的話，建議還是使用其他方式管理。

12　Response 物件：https://developer.mozilla.org/zh-TW/docs/Web/API/Response

2-15　key 區塊語法

在迴圈語法中，我們提到如何為列表的項目加入 key。

有時候儘管不使用迴圈，也會想要讓其他元件偵測變化並作出過場效果。
例如：

```
<div transition:fade>
  {text}
</div>
```

在這個範例當中，過場效果只會在節點掛載或移除時執行，因此 text 變數
改變了也不會有過場效果。

如果想要在 text 變數改變時可以重新執行一次過場效果，就可以使用 key
區塊語法實作：

```
{#key text}
    <div transition:fade>
      {text}
    </div>
{/key}
```

key 區塊語法接收 JavaScript 陳述式當作參數，每次元件更新時如果參數發
生變化（與前一次不同），就會重新刪除並建立區塊當中的片段。

這樣一來當 text 變數改變時，裡頭的元件就會被刪除並重新建立，刪除時
如果有出場動畫的話也會一併執行，重新建立時 transition 也會再次執行。

key 區塊語法裡頭也可以放入 Svelte 元件，當 key 裡面的值改變時也會重
新初始化 Svelte 元件。

特別要注意的一點在於每次 key 有變化時 children 都會**刪除並重新建立**，而非更新有變化的部分而已，也因此在效能上可能比較吃重（視元件的實作與動畫複雜情形而定）。

2-16 Svelte 生命週期方法

在使用 Svelte 元件時，根據前端的互動及使用場景，一個元件不只有單純渲染 DOM 而已，有時在前端還需要做其他處理，像是：

- 當元件掛載時，開始一個計數器（setTimeout 或是 setInterval）
- 當元件掛載時，將焦點移至第一個 input
- 當元件掛載時，呼叫聊天 API，有新的訊息時顯示在 UI 上
- 當元件掛載時，監聽全域事件如 scroll、resize 並做出對應的操作
- 當元件移除時，將不必要的事件刪除
- 當元件移除時，移除對應的 WebSocket

前端當中通常以生命週期方法來達成，Svelte 提供了四種生命週期方法。

onMount 與 onDestroy

在 Svelte 當中，我們可以使用生命週期方法來實作上述提到的場景。舉例來說，在倒數計時應用當中，我們希望當元件掛載時，可以開始計時，並且在元件被銷毀時可以停止計數器。

```
<script>
  import { onMount, onDestroy } from 'svelte';
  let countdown = 10;
  let timer;

  // 元件掛載時呼叫
```

```
  onMount(() => {...});
  // 元件銷毀時呼叫
  onDestroy(() => {...});
</script>
<span>{countdown}</span>
```

onMount 與 onDestroy 方法接收一個函數，定義了當元件掛載或銷毀時應該怎麼處理。

我們接下來分別在 onMount 以及 onDestroy 方法中加入倒數計時的邏輯與清除計時器的邏輯：

```
<script>
  import { onMount, onDestroy } from 'svelte';
  let countdown = 10;
  let timer;

  // 元件掛載時呼叫
  onMount(() => {
   timer = setInterval(() => {
     countdown -= 1;
   }, 1000));
  });

  // 元件銷毀時呼叫
  onDestroy(() => {
   clearTimer(timer);
  });
</script>
<span>{countdown}</span>
```

在實作倒數計時功能時，必須注意元件銷毀時，也要將對應的資源一起釋放（在本例當中呼叫了 **clearInterval** 停止計時），否則就算元件已經被銷毀，計時器仍然會繼續計數，除了消耗不必要的資源之外，也有可能發生非預期的錯誤。

除了直接宣告 onDestroy 方法停止計數之外，Svelte 的 onMount 函數當中，允許開發者回傳一個函數當作元件 destroy 時呼叫的函數，效果等同於 onDestroy，因此也可改為下面的寫法，兩者的效果是完全一樣的。

```
<script>
  import { onMount, onDestroy } from 'svelte';
  let countdown = 10;
  let timer;

  // 元件掛載時呼叫
  onMount(() => {
   timer = setInterval(() => {
    countdown -= 1;
   }, 1000));

   return () => {
    if (timer) {
     clearInterval(timer);
    }
   }
  });
</script>

<span>{countdown}</span>
```

beforeUpdate 與 afterUpdate

除了上述的 onMount 與 onDestroy 之外，Svelte 的生命週期方法中還有 beforeUpdate 以及 afterUpdate，我們現在就來看看這兩個方法。

這兩個生命週期方法都是在元件有更新（元件狀態改變、接收到新的 prop）時執行，一個是在元件更新前（beforeUpdate）執行；另外一個則是在元件更新後（afterUpdate）執行。

元件更新的時機應該如何定義？在 Svelte 元件的狀態改變時會觸發更新，此時雖然元件上的狀態（變數）改變了，但這個改變還沒有更新到 DOM，此時的狀態為元件更新前的狀態；當改變更新到 DOM 之後，就是元件更新後的狀態。

這兩個時機點分別對應到 beforeUpdate 以及 afterUpdate。

為了讓讀者對這兩個方法的區別有更近一步的了解，我們接下來看看範例：

```
<script>
  import { onMount, beforeUpdate, afterUpdate } from "svelte";
  let greeting = "hello";
  onMount(() => {
    setTimeout(() => (greeting += " world"), 1000);
  });
  beforeUpdate(() => {
    console.log(greeting);
  });
  afterUpdate(() => {
    console.log(greeting);
  });
</script>
```

觀察 console.log 可以發現，兩個方法的結果完全相同，都是 greeting 值皆為 hello world。

不管是 beforeUpdate 還是 afterUpdate，元件的狀態或變數都已經更新完畢了。

既然兩個方法的結果都一樣，那麼差別到底在哪裡呢？

最大的差別在於**畫面是否更新**。beforeUpdate 會在畫面更新前執行，而 afterUpdate 則會在畫面更新後執行。

因此在實務上 beforeUpdate 較少用，通常是想要比對 DOM 更新前後的狀態時才會使用。在 beforeUpdate 執行太過耗時的操作會阻塞畫面的渲染，例如：

```
<script>
  import { onMount, beforeUpdate, afterUpdate } from 'svelte';
  let greeting = 'hello';

  onMount(() => {
    setTimeout(() => greeting += ' world', 1000);
  })

  beforeUpdate(() => {
    let i = 0;
    while (i < 999999999) {
      i++;
    }
  });

  afterUpdate(() => { console.log(greeting) });
</script>

<span>{greeting}!</span>
```

此範例當中，我們故意在 beforeUpdate 中加入空迴圈，可以發現畫面上即使 setTimeout 已經被呼叫並且更新狀態了，但畫面過了一段時間後才更新。

beforeUpdate 會阻礙畫面更新，尤其是在 beforeUpdate 方法裡頭執行耗時函數時間題會變得更加明顯，因此我們應該優先選擇 afterUpdate 來實作，只在需要時使用 beforeUpdate。

beforeUpdate 的使用場景

在上一章節提到，在實作上通常會使用 afterUpdate。

那麼 beforeUpdate 在什麼狀況下會用到呢？通常是在需要計算 DOM 屬性時會使用，常見的情況是在 beforeUpdate 時的 DOM 要跟 afterUpdate 的 DOM 互相比較做運算。

```
<script>
  import { onMount, beforeUpdate, afterUpdate } from "svelte";
  let node;
  let name = "world";
  let width;

  onMount(() => {
    setTimeout(() => (name += "1"), 1000);
  });

  beforeUpdate(() => {
    if (node) {
      width = node.clientWidth;
    }
  });

  afterUpdate(() => {
    if (width) {
      const diff = Math.abs(node.clientWidth - width);
      console.log(diff);
    }
```

```
  });
</script>

<style>
  span {
    display: inline-block;
  }
</style>

<span bind:this={node}>Hello {name}!</span>
```

這個範例將 beforeUpdate 以及 afterUpdate 的 clientWidth 做比較，並且將兩者的差異顯示在 console 上。

由於 beforeUpdate 會在元件 onMount 前呼叫，node 在此時還尚未被綁定，因此需要加入判斷式做處理，否則 node 在 onMount 前為 undefined，存取 node.clientWidth 時會發生錯誤。

關於 **bind:this** 的使用方法，在後續的章節會有更詳細的解說。

生命週期方法執行順序

介紹完 Svelte 四個生命週期方法後，我們重新整理一次執行順序：

當元件掛載時：

❶ 執行 beforeUpdate

❷ 執行 onMount

❸ 執行 afterUpdate

在元件掛載時，除了 **onMount** 之外 **beforeUpdate** 也會被呼叫。

當元件更新時：

❶ 執行 beforeUpdate

❷ 更新畫面

❸ 執行 afterUpdate

當元件銷毀時：

❶ 執行 onDestroy

❷ 執行 onMount 中的回傳函數

Svelte 在執行伺服器渲染（SSR）時只會將資料渲染為 HTML 字串，因此生命週期不會在 SSR 時呼叫。只有在瀏覽器端時才會呼叫。

Svelte 元件的生命週期執行順序可透過下圖表示：

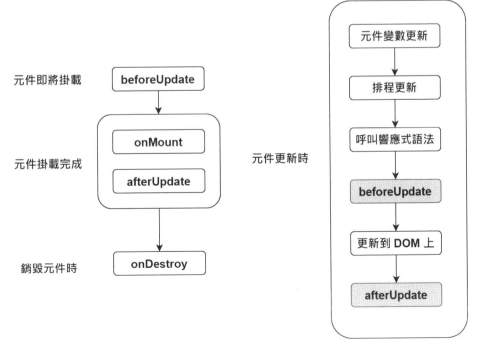

圖 2-10　Svelte 生命週期

比較重要的地方在於理解元件掛載時也會呼叫 beforeUpdate 與 afterUpdate，以及當元件更新時，beforeUpdate 是在變數更新後、畫面更新前呼叫；而 afterUpdate 則是在變數更新後、畫面更新後呼叫。

2-17　Svelte 與雙向綁定 bind

Svelte 中提供非常好用的雙向綁定功能，可以輕易將 DOM 的屬性對應到變數當中，或是直接改變變數來改變對應的 DOM 屬性。

在前端應用我們常常會有這樣的情況：當 input 更新時要同步去更新到變數當中，或是當變數改變時，把值反應到畫面上。

活用 Svelte 的綁定功能可以大幅減少程式碼的撰寫，省下開發者自行添加事件處理器的麻煩。

bind 的使用方式

在 Svelte 當中，使用 bind 的方式如下圖：

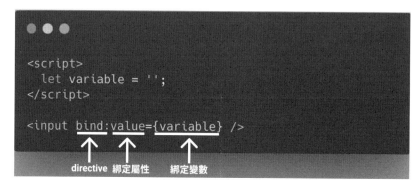

圖 2-11　bind 使用方式

- **bind**：告訴 Svelte 編譯器綁定此屬性

- **value**：此處的 value 代表綁定屬性。在 input 標籤當中最常綁定 value，其他 HTML 標籤中可以綁定不同屬性

■ **{variable}**：綁定變數。當 DOM 屬性值改變時會同時反映到 variable
變數中；當 variable 變數改變時也會同時改變 DOM 的值

在 Svelte 當 中， 以 **<input bind:value={}>** 為 例，**input** 稱 為 標 籤
（**tag**）、**bind:value** 以冒號作為區分，左邊稱為描述符（**directive**）在
此範例中為 **bind**，右邊則依描述符不同有不同稱呼。

與使用者輸入相關的 bind:property

》綁定 input 的輸入值

bind 最常見的使用場景是將使用者輸入直接綁定到變數當中，這樣就不需
要另外加入監聽器監聽 input。

如果沒有綁定機制，通常開發者需要另行撰寫事件監聽器更新變數值。

```
<script>
  let name = "world";

  function setValue(e) {
    name = e.target.value;
  }
</script>

<input on:input={setValue} value={name} />
<span>{name}</span>
```

在上面的程式碼當中，開發者需要另行加入 input 事件監聽器，並在處理函
數中將變數的值設為畫面上的輸入值。

Svelte 的綁定功能可以讓開發者不需要自行加入事件監聽器，而是透過描
述符 bind 來實作，綁定事件的實作則交由 Svelte 處理即可。

除了一般的文字型別之外，Svelte 的綁定功能也可以作用在其他型別當中，例如下面的程式碼：

```
<script>
  let text = '';
  let num = 0;
  let files = null;
  let range = 0;
  let checked = false;
</script>

<input type="text" bind:value={text} />
<input type="number" bind:value={num} />
<input type="checkbox" bind:checked={checked} />
<input type="file" bind:files />
<input type="range" min={0} max={100} bind:value={range} />
```

Svelte 會判斷 input 的類型來決定變數的型別，例如在 type 為 text 時，變數接收到的值會是字串；如果 type 為 number，變數接收到的值則會是數字；type 為 checkbox 的時候，型別是布林值，綁定的屬性會是 checked。

另外 Svelte 也有支援 input 型別為檔案的綁定，這時 bind 描述符後面的屬性不再是 value 而是 files，接收到的型別也會變為 FileList[13]。跟其他 Svelte 功能類似，當變數名稱與屬性名稱相同時，可以省略後面的大括弧與變數。本範例當中因為 files 變數與屬性名 files 相同，因此可以省略。

> 本章節程式碼連結位於 **2-17-1 綁定 input 輸入值範例** 。

---

13 https://developer.mozilla.org/zh-TW/docs/Web/API/FileList

≫ 綁定 select 與 option 標籤

除了 input 之外，在表單應用當中另外一個很常見的場景是使用 select 與 option 實作選項功能。Svelte 支援 select 與 option 的綁定，方便讀取使用者選擇的項目。

```
<script>
    let selected = 'Ben';
    let options = ['Alan', 'Ben', 'Cindy'];
</script>

<select bind:value={selected}>
    <option value={options[0]}>Alan</option>
    <option value={options[1]}>Ben</option>
    <option value={options[2]}>Cindy</option>
</select>
```

在本範例當中，在使用者選取選項時，Svelte 會將選取的項目更新到 selected 變數裡。若使用者選擇 Alan 選項，selected 變數則會更新為 Alan。

≫ contenteditable

在網頁的文字編輯器中，有時會使用 contenteditable 這個標籤方便使用者編輯多樣式貼文。如果 HTML 標籤當中有 contenteditable 的話，Svelte 支援綁定 innerHTML 屬性。

```
<script>
  let innerHTML;
</script>

<div contenteditable bind:innerHTML={innerHTML}>

</div>
```

≫ bind:group

有時候在表單當中會有多個 checkbox 可以選取，我們想要將使用者選取的選項放到陣列當中，這時候可以透過 bind:group 來實作：

```
<script>
  let group = [];
</script>

<label for="togo">
  <span>外送：</span>
    <input id="togo" type="checkbox" bind:group={group} value=
"外送" />
</label>

<label for="additional">
  <span>額外餐具：</span>
    <input id="additional" type="checkbox" bind:group={group} value="
額外餐具" />
</label>

<label for="coupon">
  <span>使用優惠券：</span>
    <input id="coupon" type="checkbox" bind:group={group} value=
"優惠券" />
</label>
```

在 input 型別為 checkbox 時使用 bind:group，會自動將使用者選取的選項 value 放入陣列當中，就算使用者勾選之後再取消勾選，group 變數也會將選項移除。

另外一個使用場景則是 input 型別為 radio 時，也可以透過 bind:group 實作：

```
<script>
    let radioGroup = 'creditCard';
</script>

<h3> 選擇付款方式 </h3>
<label for="creditCard">
    <span> 信用卡：</span>
    <input id="creditCard" type="radio" bind:group={radioGroup}
value="creditCard" />
</label>

<label for="linepay">
    <span>LINE Pay：</span>
    <input id="linepay" type="radio" bind:group={radioGroup}
value="linepay" />
</label>

<label for="cash">
    <span> 現金支付：</span>
    <input id="cash" type="radio" bind:group={radioGroup} value="cash"
/>
</label>
```

Svelte 會將使用者選取的 radio 值更新到 radioGroup 變數當中。

這兩個範例當中，我們都使用了 label 將 input 包起來，並將 for 的值設定為 input 的 id，這樣子就算使用者沒有點擊到勾選框，而是點擊到標籤文字（如使用優惠券），也可以觸發勾選的效果，提升使用者體驗。

如果沒有將 input 使用 label 包起來，可以設定將 label 的 for 值設定為 input 的 id，也會有同樣的效果。

其他常見的 DOM 屬性綁定

Svelte 的綁定功能，除了能夠綁定表單應用之外，HTML 標籤如果為 block element 的話，也支援綁定一些常見的 DOM 屬性。分別是：

- **clientWidth**

- **clientHeight**

- **offsetWidth**

- **offsetHeight**

這四個屬性通常會因為使用者重新調整視窗大小時而改變，因此 Svelte 也做了原生支援，可以監聽這四個 DOM 屬性的變化。

> 這四個屬性只支援單向綁定，只有在畫面發生變化時會將值覆寫到變數裡頭，但不能改變變數直接改寫 DOM 屬性值。

video 與 audio 標籤中的綁定

除了上述講到 input 之外，Svelte 也支援 video 與 audio 的綁定。在 video 或是 audio 當中，我們時常需要綁定幾個重要的值來實作 UI，例如顯示當前的播放進度、調整音量大小、播放狀態等等，Svelte 也提供了綁定功能。

≫ 唯讀

- **duration**：影片或音檔的總時長，以秒為單位

- **played**：已經播放的範圍，回傳 TimeRanges 型別的陣列

- **seeking**：是否正在尋找媒體，通常會在移動到新範圍時觸發

- **seekable**：對串流的媒體檔來說，seekable 代表目前有哪些範圍是已經讀取好，可以不等待的播放

- **buffered**：對串流的媒體檔來說，buffered 代表哪些範圍已經下載好

- **ended**：影片或音檔是否結束

≫ 可以雙向綁定

- **volume**：音量大小

- **paused**：播放狀態

- **currentTime**：當前播放進度

- **playbackRate**：播放速率

- **muted**：是否靜音

透過 Svelte 提供的綁定功能，可以讓音樂或影片播放器的客製化 UI 實作程式碼更加精簡，我們會在 Svelte 實戰篇當中，利用 Svelte 的綁定功能實作一個音樂播放器。

本章節程式碼連結位於 **2-17-2 綁定 media 元素範例**。

bind:this

除了綁定 DOM 屬性之外，Svelte 的綁定功能甚至可以綁定 DOM 節點本身。例如在表單載入時，為了讓使用者不用另外點擊輸入框，有時會呼叫 input.focus()；或是在使用 canvas 畫圖時，想要直接存取 context。

這時就可以用 bind:this 來實作：

```
<script>
    import { onMount } from 'svelte';
    let node1;
    let node2;

    onMount(() => {
```

```
    node1.focus(); // 呼叫 focus() 方法讓焦點在輸入框上
    let context = node2.getContext('2d'); // 獲取 canvas 的 context
    context.fillRect(0, 0, 10, 10);
  })
</script>

<input type='text' bind:this={node1} />
<canvas bind:this={node2} />
```

本章節程式碼連結位於 **2-17-3 bind:this** 範例。

或許有些讀者會認為，直接使用原生的 **DOM API**（例如 **document. querySelector**）來選取元素更方便。不過在使用前端框架開發時，我們通常會透過前端框架提供的機制來管理 **DOM** 節點的狀態，避免直接操作 **DOM API** 來存取節點。透過 **bind:this** 的功能可以讓變數以及節點搜尋這些事情交給框架處理，讓開發者更專注在功能開發上面。

2-18 Svelte 中的描述符

Svelte 當中可以在標籤或元件當中使用不同的描述符（directive）達到不同的功能，Svelte 目前具有下列的描述符可供使用：

- **on**：加上事件名稱後當作事件監聽器函數使用。在 2-13 中有詳細介紹

- **bind**：後面加上屬性名稱做綁定，在 2-17 中有詳細介紹

  - 除了屬性名稱外，可接收 group 當作 option 與 select 的綁定

  - 可使用 this 來綁定節點

- **class**：加入 class 名稱。除了當作描述符之外也可以用一般的 class 語法表示。在 2-8 當中有詳細介紹

- **transition**：Svelte 的轉場功能，在第三章中有詳細介紹

- **in 與 out**：為 Svelte 轉場功能中的一部分，可個別控制進場與出場

- **animate**：Svelte 的 animate 功能，在第三章中有詳細介紹

- **use**：Svelte 的 actions 功能，在第三章中有詳細介紹

- **--style-props**：Svelte 整合了 CSS 自定義屬性的功能，可直接在元件
  當中宣告。在第三章中有詳細介紹

2-19　Svelte 與其他樣板引擎的不同

由於在 Svelte 當中有許多類似樣版引擎的語法，容易與一般的樣板引擎產生搞混。因此在進入其他章節之前，我們可以先來理解一下 Svelte 與其他樣板引擎的不同之處。

樣板引擎（template engine）能夠透過一些特殊的語法，讓樣板與資料可以分開處理，最後再透過轉譯生成檔案。常見的樣板引擎像是 ejs、pug、twig，可以利用迴圈、條件式、變數等功能讓頁面的製作變得更加簡潔。

舉例來說，一個 ejs 的檔案內容如下：

```
<% if (user) { %>
  <h2><%= user.name %></h2>
<% } %>
```

由 <% %> 包起來的區塊，都是 JavaScript 程式碼能夠作用的地方，最後不會渲染到檔案當中；由 <%= %> 包起來的區塊，ejs 會試圖序列化變數內容之後渲染到 HTML 當中。因此，只要將 user 變數傳入此樣板，就能夠生成 HTML 檔案：

```
const ejs = require('ejs');
ejs.renderFile('./test.ejs', { user: { name: 'kalan' } });
```

Svelte 與樣板引擎最大的不同之處在於，Svelte 在客戶端當中最後生成的程式碼是 **JavaScript**；而樣板引擎通常都是由伺服器渲染，**生成靜態的 HTML 檔案**後回傳給客戶端。

Svelte 和一般樣板引擎的生成方式有著本質上的差異，目的也完全不同。儘管語法上有相似之處，但理解兩者的不同是非常重要的一件事。

3

Svelte
進階篇

- 在 Svelte 元件使用 CSS 自定義屬性

- Svelte 當中的 Store

- Svelte 當中的 context

- Svelte 當中的 tick

- Svelte 當中的轉場機制 transition

- Svelte 當中的 motion

- Svelte 當中的 animate

- Svelte 當中的 <slot>

- Svelte 當中的 action

- Svelte 內建 Element

- Svelte SSR 功能

- Svelte 編譯設定

- 如何在 Svelte 中使用 CSS 預處理器

在第 2 章當中，我們介紹了 Svelte 的基本語法，對於互動場景比較少的 UI 來說，這些語法已經足以應付。在這個章節當中，我們會進一步探索 Svelte 的進階語法，讓互動變得更加豐富之外，也能夠應付更加複雜的場景。

3-1 在 Svelte 元件使用 CSS 自定義屬性

CSS 自定義屬性（CSS custom properties），能夠讓開發者在 CSS 當中自行定義、命名變數，並透過 CSS 或是透過 JavaScript 程式碼修改。

例如在應用當中，我們可能會根據使用者的設定動態調整各個元件的顏色與外觀，以往可能需要使用覆蓋 class 的方式來完成，造成使用上有些不方便。

```
<script>
  let darkThemeEnabled = false;
</script>

<style>
  p {
    color: #222;
  }
  .dark {
    color: #ababab;
  }
</style>

<p class:dark={darkThemeEnabled}>Text</p>
<button class="button" on:click={() => (darkThemeEnabled = true)}>啟用
暗色主題</button>
```

為了讓深色主題套用到 p 標籤當中，需要額外定義 dark 類別。在本範例當中只有一個地方需要修改，但在專案當中如果每個地方都需要另外加入 dark 類別處理時就會顯得相當不方便。

為了解決此問題，我們可以加入 CSS 自定義屬性，其作用方式與變數類似，可以在 CSS 以及 JavaScript 中動態調整其數值。以上面的範例來說，加入 CSS 自定義屬性後可以改寫為：

```
<script>
  let darkThemeEnabled = false;

  $: {
    if (darkThemeEnabled) {
      document.documentElement.style.setProperty('--textColor',
'#ababab');
    } else {
      document.documentElement.style.setProperty('--textColor',
'initial');
      }
  }
</script>
<style>
    :root {
      --textColor: #222;
    }
    p {
    color: var(--textColor, "#222");
  }
</style>

<p>Text</p>
<button class="button" on:click={() => (darkThemeEnabled =
true}>!darkThemeEnabled)}> 啟用暗色主題 </button>
```

CSS 自定義屬性會在屬性最前面加上兩個連號當作標記，在使用時則透過 var 存取，var 的第二個參數為預設值，代表當 --textColor 未定義時會採用的值。在這個範例當中，我們搭配 Svelte 的響應式語法動態改變 --textColor 的值，每次 darkThemeEnabled 變數有變化時就會更改 --textColor 屬性值。

在 Svelte 中提供了 CSS 自定義屬性的描述符，方便開發者與元件整合。使用方式與元件傳遞屬性類似。

```
<script>
  import Text from "./Text.svelte";
  let darkThemeEnabled = false;
</script>

<style>
  :root {
    --textColor: #222;
  }
</style>

<Text --textColor={darkThemeEnabled ? "#ababab" : "initial"}>text</
Text>
<button
  class="button"
  on:click={() => (darkThemeEnabled = !darkThemeEnabled)}
> 啟用暗色主題 </button>
```

開發者可以用與元件開發相同的思維傳遞 CSS 自定義屬性，不需要另外寫在樣式或類別裏頭，使用上方便許多。這個語法只能夠用在元件當中，如果用在 HTML 標籤上會跳出錯誤。

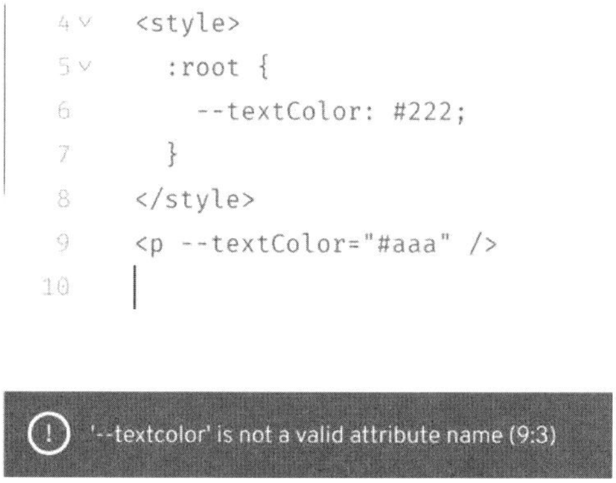

```
 4 ∨  <style>
 5 ∨    :root {
 6        --textColor: #222;
 7      }
 8    </style>
 9    <p --textColor="#aaa" />
10    |
```

! '--textcolor' is not a valid attribute name (9:3)

圖 3-1 CSS 自定義語法必須使用在
元件上

只要符合 CSS 自定義屬性所規範的命名都可以當作自定義屬性使用，本例雖然使用 textColor 命名，但也可以使用 text-color 當作命名。

3-2 Svelte 當中的 Store

為什麼需要跨元件的狀態管理？

對各種前端應用來說，狀態管理是一件相當困難的事，因為在元件的資料傳遞當中，不一定每個資料都是在元件當中層層傳遞的，有時候我們可能需要在不同元件之間共享同一份資料，而這些元件可能不會按照階層排在一起，所以沒辦法使用資料傳遞的方式共享資料。

另外，元件內部管理的狀態在元件被銷毀時，狀態也會一起被刪除，對跨元件的狀態管理來說，使用原生的資料傳遞有其限制。從上面的說明來看，使用跨元件的狀態管理主要原因有兩點：

❶ Svelte 預設資料傳遞**必須按照元件的階層傳遞**

❷ 元件的狀態在元件銷毀時狀態也會消失

Svelte 提供 store API 當作跨元件狀態管理的解決方案，可以將複雜的狀態管理般移至元件外做管理，也提供了相當完善的整合給元件使用。我們接下來會介紹 store 的 API。

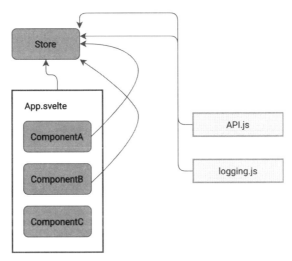

圖 3-2 不管在 Svelte 元件內或其他檔案中都可存取 store

Store 簡介

Svelte 的 store 主要有三個 API：

- **writable**

- **readable**

- **derive**

以及一個對 store 取值的 API：get

Svelte 提供的 store 其內部實作並不複雜，主要原理是將任何值的改變當作事件發送，並通知訂閱者執行對應函數。接下來介紹 store 的相關 API。

writable

writable API 可以從 svelte/store 當中引入，一個簡單的 store 使用方式如下：

```
import { writable } from 'svelte/store';

const counter = writable(0);
counter.subscribe(c => console.log(c));
counter.update(c => c += 1);
```

呼叫 subscribe 方法，可以設定當 counter 更新值時（呼叫 update 方法），要執行的函數。

writable store 提供兩個方法來更新值，分別為 update 與 set，update 內接收一個函數，函數的參數為當前的 store 值；set 則是直接修改值。

```
const counter = writable(0);
counter.subscribe(c => console.log(c))
counter.update(c => c += 1); // 接收一個函數，函數中的參數為當前 store 的值
counter.set(2); // 直接設定值
```

在 Svelte 當中，store 不一定要在元件裡頭才可以使用，也就是說除了以 .svelte 為副檔名的文件以外，一般的 .js 檔案也可以使用 store API，進而達到狀態共享的目的。

自動訂閱 store

通常在使用 store 時，都是將 store 放在外部的 .js 檔案當中，然後在 Svelte 元件當中呼叫。

```js
// store.js
import { writable } from 'svelte/store'
const counter = writable(0);
setInterval(() => counter.update(c => c + 1), 1000);


export default counter;
```

在元件當中呼叫 store.subscribe 方法訂閱 store：

```html
<script>
  // App.svelte
    import counter from './store.js';
    let count;
    counter.subscribe((c) => {
      count = c
    });
</script>


<span>{count}</span>
```

這樣子雖然畫面上的值會更新，但元件在整個應用當中，有可能會被多次銷毀、掛載，如果在元件被銷毀之後沒有停止訂閱的話，函數就會不斷執行，造成潛在的記憶體洩漏（memory leak）。

在 Svelte 的 store 當中，呼叫 subscribe 方法時會回傳一個函數，執行函數之後可以取消訂閱 store 傳來的新資料。

```
<script>
  import { onMount } from "svelte";
  import counter from "./store.js";
  let count;

  onMount(() => {
    const unsubscribe = counter.subscribe((c) => {
      count = c;
    });
    // 在元件銷毀時呼叫 unsubscribe 方法取消訂閱
    return () => unsubscribe();
  });
</script>


<span>{count}</span>
```

這樣一來，元件就能夠在掛載與銷毀時分別執行對應的函數訂閱、取消訂閱 store。

不過，如果每次使用 store 時都要自己處理訂閱跟取消訂閱的邏輯，對於開發者來說就是多一份負擔，還要另外宣告一個變數儲存變數值，這些都會增加程式碼數量，重複的作業也容易出錯。

為了讓 store 的存取更加方便，Svelte 提供了語法糖 $ 來簡化在元件使用 store 的麻煩。只要型別為 store 的變數當中加入前綴 $，Svelte 會在編譯時自動加入訂閱與取消訂閱的處理，使用起來更加直覺。

因此，剛剛的程式碼可以改寫成下面這樣子，效果完全相同。Svelte 會處理訂閱以及取消訂閱的邏輯，也會自動幫你取得 store 裡面的值。

```
<script>
    import counter from './store'
</script>

<span>{$counter}</span>
```

$ 前綴的使用除了可以放在 HTML 裡，也可以作用在 <script> 的範圍內。

加入 $ 前綴在 JavaScript 的語法上是合法的變數名稱，不過對於 Svelte 來說具有特別的意義，Svelte 會根據 $ 判斷變數是否為 store。

除了 Svelte 內建的 store 之外，其實只要符合 Svelte 規定的介面，任何的變數都可以使用 $ 前綴來簡化處理。只要 store 當中有 subscribe 方法，呼叫 subscribe 後會回傳 unsubscribe 函數，就可以使用 $ 來簡化操作。

符合介面且能夠靈活操作各種不同的資料流，目前最著名的函式庫為 RxJS[1]，以下是將 RxJS 整合到 Svelte 元件當中的範例。

```
// store.js
import { Observable } from "rxjs";

const messages = [
    "Hello World",
    "This is a message",
    "一起學 Svelte 吧！"
];

const store = new Observable((subscriber) => {
  setInterval(() => {
    const randomIdx = Math.floor(Math.random() * messages.length);
    subscriber.next(messages[randomIdx]);
  }, 1000);
```

1　RxJS 是一個以 Functional Programming 為核心概念的函式庫

```
});

export default store;
```

我們宣告 Observable 物件，並在裡頭實作傳遞資料的方式，每秒鐘會隨機傳訊息給訂閱者。

```
<script>
    import message from './store'
</script>

<p>{$message}!</p>
```

可以發現，就算使用外部的函式庫 RxJS，並使用 $ 來處理 store 的邏輯，Svelte 一樣能夠正確無誤地運作！

> **RxJS** 的強大之處在於函式庫當中提供了大量的操作符，可以對資料流做處理，以簡化自己寫程式碼處理的時間與複雜度。關於 **RxJS** 的說明超出本書的範圍，有興趣的讀者可參考官方網站 **https://rxjs.dev/**。

readable

大部分的情況下，我們會使用 writable 實作跨元件之間的狀態管理，因為我們通常會在外部改寫、更新資料。

不過有時候也會有一些情況是，我們不想要 store 的值可以任意被外部元件改寫，或是想將實作放在內部，不想讓外部的實作任意修改、暴露出去時就可以使用 readable。

一個經典的使用場景是訂閱聊天室訊息的 API，對於 API 傳過來的資料，通常在前端不會做任何刪除或修改，只是單純將列表顯示出來，這時候透過 readable 來實作不僅可以避免意外地覆寫值，也可以讓整個程式碼所表達的意圖更加明顯。

readable 的呼叫方法跟 writable 類似，第一個參數為初始值，第二個參數接收一個函數，並提供 set 方法，實作端呼叫 set 方法更新 store 的值。

```
import { readable } from 'svelte/store';

const chatStore = readable([], set => {
    const unsubscribe = ChatAPI.subscribe(message => {
      set(list => [message, ...list].slice(0, 100));
    });

    return function cleanup() { unsubscribe(); }
});

export default chatStore;
```

回傳的函數會在此 readable store 沒有任何訂閱者時執行。readable 在 Svelte 的使用方式和 writable 相同，也可以使用 $ 來取值。

```
<script>
  import chatList from './chatStore';
</script>



{#each $chatList as message}
  <p>{message}</p>
{/each}
```

可以發現，將資料存放在 store，可以讓元件當中的程式碼變得更加簡潔，也可以讓複雜的資料處理邏輯拆開給 store 處理，並且共享狀態在其他元件當中。

在元件外使用 store

對 Svelte 來說，store 並不限於使用在元件裡，只要呼叫 subscribe 方法，就算在一般的 JS 檔案當中也可以呼叫。例如想要監聽 store 當中的變化實作 log 功能時，就可以在外部 JS 檔案當中呼叫 subscribe 方法。

```
import chatStore from './chatStore';

chatStore.subscribe(list => {
    console.log('目前列表長度為：', list.length)
});
```

derived

derived 可以接收一個或數個 store，並根據 callback 內容對值加工後返回一個新的 store，通常使用場景有兩種：

- **store 的值想要經過計算之後傳給其他元件使用**

- **整合數個 store 的值做計算**

derived 的呼叫方式有四種，本章節會介紹常用的兩種呼叫方法。

第一個參數為 store，也可以接收陣列傳入數個 store；第二個參數為 callback，使用方式有直接回傳值當作 store 的值，或是使用 set 函數來決定 store 的值。

我們先介紹第一種使用方式：對 store 的值進行計算後返回新的 store。假設有一個陣列裡頭包含了人物名稱，我們想要將人物名稱的字串執行一次 toUpperCase，這時候透過 derived 可以這樣子寫：

```
const list = writable([
    'kalan',
    'jack',
    'joanna',
```

```
    'henry'
])

const uppercaseList = derived(list, ($list) => $list.map(name => name.
toUpperCase()));
```

　　大部分的情況下我們會直接使用 list 這個 store，不過如果想要在同一個 store 維護，不想在各個元件另外處理大小寫轉換邏輯時，透過 derived 來實作非常方便。

　　第二種使用方式：整合數個 store 的值做計算。在列表的應用場景當中，有時我們可以對列表當中的項目按下喜歡或收藏，當使用者移動到收藏列表時，就只會顯示那些有按下收藏的項目。

　　在實作上，我們可以維護兩個 store，一個為全部列表的 store，另一個為收藏列表的 id store，要取得使用者的收藏列表的話，可以將兩個 store 的值透過 derived 讀取。

```
import { writable, derived } from "svelte/store";

const list = writable(["Angular", "React", "Vue", "Svelte", "Ember"]);

const favoriteIds = writable([
    1,
    3
]);

const favoriteList = derived([
    list,
    favoriteIds
], ([$list, $favoriteIds], set) => {
    set($list.filter((_, idx) => $favoriteIds.includes(idx)))
})
```

透過 derived，我們接收了來自 list 與 favoriteIds 的 store，並使用 filter 檢查列表的 index 是否在 favoriteIds 裡。

除了在 callback 函數當中回傳 store 的值，也可以透過呼叫 set 函數將 store 設值，兩者的結果是一樣的。

使用 store 做 binding

在先前的章節當中，我們介紹了 Svelte 的綁定功能（bind），其實也可以使用在 store 上，只要是 writable 的 store，都可以搭配 Svelte 的綁定功能使用。

```
<script>
  import name from './store';
</script>


<input type='text' bind:value={$name} />
```

在這個範例當中，如果 name 本身為 writable store，當使用者從畫面更新值的時候，值會自動寫入到 store 當中；更新 store 值的時候，則會將值反映到畫面上。

3-3　Svelte 當中的 context

除了 store 以外，在 Svelte 當中還有另一種可以在元件之間共享狀態的方式稱為 context。跟 store 不同，context 只能夠在 Svelte 元件裡面宣告，作用在其元件本身以及所有子元件，且沒辦法從元件外部存取。Svelte 的 context 功能相當簡單，只有三個方法：setContext、getContext 與 hasContext。

setContext

setContext 可以在當前的元件樹當中建立一個 context，可以作用在子元件當中。第一個參數為 key，第二個參數則為值。一個簡單的 context 設定可以這樣子寫：

```
<script>
  import { setContext } from "svelte";

  setContext("userInfo", {
    name: "kalan",
    age: 20,
  });
</script>
```

必須要特別注意，context 只能在 Svelte 元件當中使用，如果在外部的 .js 檔呼叫的話會跳出錯誤。

```
import { setContext } from 'svelte';
setContext('context', 'test');
```

執行之後，在 console 上會跳出錯誤訊息：*Function called outside component initialization*。

getContext

要在子元件當中獲得當前的 context，可以使用 getContext。我們將上面的例子稍作修改：

```
<script>
  import { setContext } from "svelte";
  import UserInfo from "./UserInfo.svelte";
  setContext("userInfo", {
    name: "kalan",
```

```
    age: 20,
  });
</script>


<UserInfo />
```

在 UserInfo 的元件當中可以呼叫 getContext 獲得當前的 userInfo context。

```
<script>
  import { getContext } from 'svelte';
  const userInfo = getContext('userInfo');
</script>


<p>{userInfo.name}</p>
<p>{userInfo.age}</p>
```

hasContext

透過 hasContext 可以檢查目前的元件當中是否存在對應的 context。

```
<script>
  import { hasContext } from 'svelte';
  if(hasContext('userInfo')) { // 回傳布林值


  }
</script>
```

應該使用 store 還是 context？

Svelte 提供了 store 與 context 機制提供開發者選擇，如同開頭介紹的，context 只能作用在子元件中，外部的 JS 檔案也沒有辦法任意存取；store 則可以透過 .subscribe 方法，就算是一般的 JS 檔案也可以任意存取或是監聽 store 的值。

特別要注意的是，context 本身並不是被設計成 reactive 的形式，也就是當 context 改變的時候元件很有可能不會一起更新，如果要共享的狀態會時常變動的話，建議使用 store 會比較有彈性。

	使用範圍	即時更新
context	只能在 Svelte 元件中使用（且具有層級性）	否
store	可在 Svelte 元件或外部檔案使用	是

大部分的情況下，我們都應該優先選擇使用 store 而非 context 實作。除非已經相當確定 context 不會時常變動，且只希望元件之間可以存取時，才會使用 context。

3-4　Svelte 當中的 tick

為了效能考量，當 Svelte 元件的狀態更新時，**並不會立刻反應到 DOM 上面**，雖然對使用者來說差距較小，但在程式碼當中理解這件事情相當重要。

下面的程式碼，在 addLetter 函數中將 name 變數最後加上隨機字母，透過響應式語法更新 uppercase 並顯示在畫面上。

```
<script>
  let name = "";

  $: uppercase = name.toUpperCase();

  function addLetter() {
    const char = "abcdefghijk";
    name += char[Math.floor(Math.random() * char.length)];
    console.log(uppercase);
  }
</script>
```

```
<input bind:value={name} />

<button on:click={() => addLetter()}>Click Me!</button>
<span>{uppercase}</span>
```

這個例子在畫面上看起來完全沒問題，但如果仔細觀察 console.log 印出的結果，會發現每次 uppercase 的值都是尚未更新前的值。

圖 3-3 console 上的值總是為畫面更新前的值

這是因為更改 Svelte 元件內的變數 name 後，在實際的程式碼運作上 uppercase 並不會馬上更新。

為了避免這種情形，可以使用 tick API 等到所有的更新都完成了之後再繼續執行程式碼。

tick API 會回傳 Promise，所有更新完成之後會解決此 Promise，因此原本的程式碼範例可以改寫為：

```
<script>
  import { tick } from "svelte";
  let name = "";
```

```
  $: uppercase = name.toUpperCase();

  async function addLetter() {
    const char = "abcdefghijk";
    name += char[Math.floor(Math.random() * char.length)];
    await tick();
    console.log(uppercase);
  }
</script>
```

再次觀察 console，可以發現 uppercase 的值已經能夠與輸入值完全同步了。

本章節程式碼連結位於 3-4 tick 範例。

另外一個時常使用的時機點是存取 DOM 屬性，因為元件狀態的變化並不會立即反應到畫面當中，如果元件狀態的變化會改變 DOM 的屬性（如更改寬度、高度等），在沒有使用 tick 的情況下很有可能存取到尚未更新的 DOM 屬性值造成錯誤的結果。

關於 tick 的使用場景，在 4-7 下拉式組合方塊實作中有更詳細的說明。

3-5　Svelte 當中的轉場機制 transition

在網頁互動當中，加入適當的轉場效果，往往可以讓使用者體驗變得更加流暢，例如頁面之間透過淡入、淡出轉場；使用放大、縮小的方式顯示對話框；使用滑入、滑出的方式來做通知 UI，這些都是使用轉場動畫的好時機。

不過在前端框架當中，要處理好 transition 並不容易，主要原因在於使用轉場效果時，我們通常都是設定一個狀態變數，並使用判斷式來決定是否顯示某個頁面，當頁面不顯示的時候，**通常都是立即從 DOM 上面移除，即使使**

用了 **CSS transition**，也會因為已經從 **DOM** 上面移除了而來不及執行過場效果。

```
<script>
  let display = false;

  setInterval(() => {
    display = !display;
  }, 1000);
</script>

<style>
  .a{
    transition: 0.3s ease all;
    opacity: 0;
  }

  .display {
    opacity: 1;
  }
</style>


{#if display}
  <p class="a" class:display>Display A</p>
{/if}
```

　　執行上面的程式碼後，會發現轉場效果（此處為淡入淡出）並沒有正確執行，在畫面上是突然出現、突然消失。

　　原因出在判斷式的寫法，當 display 為 false 的時候，**p 標籤會立即從 DOM 上面移除**，而非過場動畫結束後才移除。

那麼我們將判斷式移除的話會發生什麼事呢？

```
<script>
  let display = false;

  setInterval(() => {
    display = !display;
  }, 1000);
</script>

<style>
  .a {
    transition: 0.3s ease all;
    opacity: 0;
  }

  .display {
    opacity: 1;
  }
</style>

<p class="a" class:display>Display A</p>
```

　　執行上述程式碼後，我們發現過場動畫可以順利執行了！但是，我們發現就算 display 為 false，p 標籤仍然存在於 DOM 當中，只是 opacity 為 0 看不到而已。在這個情況下，如果 p 標籤有事件監聽器例如點擊事件，儘管 opacity 為 0，點下後仍然會觸發。

　　另外這個程式還有一個問題，如果我們將 setInterval 的時間縮短至 100 毫秒，再執行程式碼之後可以發現，因為 CSS 上的 transition 時間為 300 毫秒，但 setInterval 為 100 毫秒，因此在轉場執行到一半的時候就執行下一個轉場，導致轉場效果看起來好像壞掉了。

從以上的舉例可以推敲出，如果要正確使用過場動畫，我們必須要注意以下事項：

- 如果有判斷式的話，要等到過場動畫執行完畢後再將節點從 **DOM** 上面移除

- 在過場動畫執行到一半被打斷時，可以取消當前的過場動畫

Svelte 內建的 transition 機制已經考量到這幾點，可以透過相當直覺的方式來定義過場動畫，我們接下來會一一介紹。

Svelte 的過場動畫原理基於 CSS Animation，而非使用 JavaScript 不斷改變樣式，因此不會受到 JavaScript 程式碼對效能的影響。

儘管 Svelte 是透過 CSS Animation 執行動畫，撰寫 CSS 的方式也會對效能極大的影響。

in 與 out 兩個描述符

在 Svelte 當中實作 transition 的方式相當簡單，只要加入 in 或 out 這兩個描述符並選擇要執行的過場效果就可以了。in 為進場，out 則為出場。一個簡單的 transition 實作為：

```
<script>
    import { fade } from 'svelte/transition'
    let display = false;

    setInterval(() => {
    display = !display
    }, 1000)
</script>

{#if display}
  <p class='a' in:fade out:fade>Display A</p>
{/if}
```

執行程式碼之後，會發現 display 值改變時都會執行過場動畫，且會等到出場動畫結束之後才從 DOM 上面移除。

我們接著將 interval 縮短到 100 毫秒，並觀察會發生什麼事情。可以發現就算動畫還沒有執行完畢，當 display 值改變的時候動畫會取消並執行下一個動畫。

第一次渲染時，Svelte 並不會執行進場動畫，而是會直接將節點渲染出來。這個行為可以透過 intro 設定來修改。

內建 transition 效果

Svelte 當中有一些內建的動畫效果，可以從 svelte/transition 當中引入：

- **fade**
- **blur**
- **fly**
- **slide**
- **scale**
- **draw**
- **crossfade**

Svelte 對每個 transition 效果有設定預設參數，不過我們也可以自己定義參數，使用的方式如下（以 fade 為例）：

```
<script>
  import { fade } from 'svelte/transition';
</script>


<p in:fade={{
    delay: 100,
```

```
    duration: 300
}}>…</p>
```

每個 transition 的效果參數都略有不同，有興趣的讀者可自行到官方網站參考詳細的參數定義 [2]。

內建 easing 函數

在實作轉場效果時，我們通常會希望轉場動畫盡可能地真實，才不會讓使用者覺得過於不自然。

想要讓轉場動畫自然最重要的因素在於，我們必須盡可能地符合真實世界的移動情形。在真實世界當中，物體的移動通常不是突然就以固定速度執行、突然速度就變為 0，**而是逐漸變快再逐漸變慢**。因此在實作上，我們通常會使用**緩動函數**（easing function）來定義動畫，讓動畫的效果看起來更自然。

在 Svelte 當中也有一些內建的緩動函數可以使用，可以從 svelte/easing 當中引入：

```
<script>
    import { fly } from 'svelte/transition';
    import { quartInOut } from 'svelte/easing';
    let display = false;



    setInterval(() => display = !display, 1000);
</script>
```

2　官方網站文件 https://svelte.dev/docs#svelte_transition

```
{#if display}
  <h1 transition:fly={{ x: 350, easing: quartInOut }}>Hello</h1>
{/if}
```

由於 Svelte 的緩動函數數量較多，本書中不再一一列出，有興趣的讀者可到官方網站文件參考[3]。官方網站也提供了緩動函數的視覺化效果供參考[4]。

自製 easing 函數

如果不喜歡 Svelte 內建的緩動函數，也可以自己實作一個客製化的緩動函數，客製化的緩動函數提供 t 當作參數，範圍在 0 ~ 1 之間，輸出也為 0 ~ 1，代表物體移動的位置。（0 為開始位置，1 為結束位置）

以下範例中實作了 swingFromTo 客製化緩動函數：

```
<script>
    import { fly } from 'svelte/transition';
    let display = false;

    setInterval(() => display = !display, 1000);

    // The original code implmentation is in easing-js
    // https://github.com/danro/easing-js/blob/master/LICENSE
    function swingFromTo(t) {
      let s = 1.70158;

      return ((t /= 0.5) < 1)
        ? 0.5 * (t * t * (((s *= 1.525) + 1) * t - s))
        : 0.5 * ((t -= 2) * t * (((s *= (1.525)) + 1) * t + s) + 2);
    }
</script>

{#if display}
```

---

3   https://svelte.dev/docs#svelte_easing
4   https://svelte.dev/examples#easing

```
<h1 transition:fly={{x: 300, easing: swingFromTo }}>
    Test
</h1>
{/if}
```

本章節程式碼連結位於 **3-5-1 swingFromTo** 範例。

transition 描述符

如果進場與出場動畫參數完全相同，可以使用 transition 取代，其效果等同於 in 與 out。

```
<script>
  import { fade } from 'svelte/transition';
</script>


<p in:fade out:fade>Hello</p>
<!-- 效果與 transition 相同 -->
<p transition:fade>Hello</p>
```

客製 transition

雖然 Svelte 提供的 transition 已經可以應付大部分的過場動畫，不過在 Svelte 也可以自己定義 transition 使用。

transition 的函數簽名為：

```
transition = (node: HTMLElement, params: any) => {
  delay?: number,
  duration?: number,
  easing?: (t: number) => number,
  css?: (t: number, u: number) => string,
  tick?: (t: number, u: number) => void
}
```

　　Svelte 的客製化 transition 相當彈性，在函數當中可以直接存取 DOM 節點操作。在實作時要小心不要隨意在 transition 函數當中改寫 DOM 的屬性，以免造成潛在的 bug。第二個參數 params 則是在使用描述符宣告時傳入。

- **delay**：延遲多久後執行（單位為毫秒）

- **duration**：轉場持續多久（單位為毫秒）

- **easing**：緩動函數

- **css**：實作客製 transition 最重要的部分。給定 t 當作時間（範圍為 0 ～ 1），回傳該時間點下的 css

- **tick**：每 16ms（60fps）會呼叫此函數一次，可以在裡頭實作 css 不易實作的轉場效果

　　大部分的情況下，我們會使用 css 來實作轉場效果，避免使用 JavaScript 造成不必要的效能浪費。不過某些轉場效果可能無法避免要使用 JavaScript，這時候就可以透過 tick 來實作。

使用 css 實作 transition

　　首先我們先用 css 實作一個客製化的轉場效果。為了展現客製化的彈性之處，範例當中實作了一個 cos 曲線的轉場效果，物體會按照餘弦波曲線移動。

```
function cos(node, params) {
  const x = params.x || 300

  return {
    duration: 1000,
    easing: t => t,
    css: (t) => {
      return `
      transform: translate(${x * t}px, ${150 + Math.cos(t * (30 /
Math.PI)) * (x / 2)}px);`
```

```
        }
    }
}
```

Svelte 的客製化過場動畫，可以搭配 JavaScript 函數控制，我們在這邊使用 Math.cos 實作餘弦曲線。

本章節程式碼連結位於 3-5-2 transition 範例。

使用 tick 實作 transition

接下來我們使用 tick 來實作轉場效果。tick 較常使用在用 css 很難實作的 場景。例如下面的範例當中，為了實現大小寫轉換的過場效果，需要使用 JavaScript toUpperCase，並隨著 t 來決定當前要轉換的字串。

```javascript
function uppercase(node, params) {
    const text = node.textContent;
    return {
    duration: 1500,
      easing: t => t,
      tick: t => {
        const length = Math.floor(t * text.length);
        node.textContent = text.slice(0, length).toUpperCase() + text.
slice(length + 1);
      }
    }
}
```

透過 slice 與 toUpperCase，我們可以操作節點的 textContent 並轉換大小寫 來實現轉場效果。

本章節程式碼連結位於 3-5-3 tick 範例。

使用 JavaScript 來實作轉場動畫通常比較耗費效能，流暢度也會比
CSS 差，建議優先考慮使用 CSS 實作，只有在必須使用 JavaScript 的
情況下時才使用 tick 實作。

特殊 transition 介紹：crossfade

crossfade 是 Svelte 當中比較特別的 transition，呼叫 crossfade 之後會回傳
兩個 transition 函數：send 與 receive。

```
const [send, receive] = crossfade({
  duration: 300
});
```

send 與 receive 函數分別接收 key 當作參數，當轉場動畫執行時，send 或
receive 會去查找是否有符合的 key 節點。

如果找到與 key 匹配的節點，則轉場動畫會計算當前節點（也就是要進場
或出場的節點）與目的地節點（匹配的 key 節點）位置並執行過場動畫。

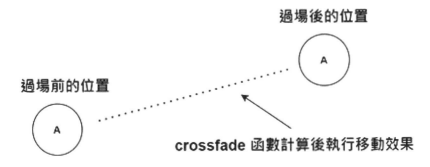

3-4　crossfade 能計算移動前後的位置並執行動畫

```
<button
  on:click={() => select(tag.id)}
  in:receive={{ key: tag.id }}
```

```
   out:send={{ key: tag.id }}
   animate:flip={{ duration: 350, easing: cubicOut }}
   class="tag"
   type="button"
>
   {tag.text}
</button>
```

crossfade 可以計算兩個節點的位置並執行過場動畫，對於使用者體驗來說相當流暢。

本章節程式碼連結位於 3-5-4 crossfade 範例。

我應該擔心 transition 效能嗎？

有些開發者可能會擔心在 Svelte 裡頭使用 transition 可能會造成效能問題，其實並不需要過於擔心，因為 Svelte 的 transition 實作是**基於 CSS 動畫**。

當使用過場動畫函數如 fade、fly 時，Svelte 首先會透過插值將 t 當作參數呼叫 CSS 函數。回傳的 CSS 字串，Svelte 會生成一組動態的 CSS keyframes，並給予 hash 值避免衝突，然後將此 keyframes 注入到節點的 style 當中執行動畫。

因此，只要不使用 CSS 執行過於昂貴的操作（如改動 height、width 以及 position 等會觸發 reflow 的屬性），效能上一般的 CSS 動畫是相同的，可以不用太過擔心。

不過，Svelte 的客製過場動畫函數可以自由存取 DOM 節點本身，因此在實作上也要注意不要隨意呼叫會引起重排（reflow）的 API 如：node. clientWidth、node.getBoundingClientRect() 等等。

3-6　Svelte 當中的 motion

Svelte 中內建了常見的 motion–tweened 與 spring。主要是用來讓物件的移動或動畫變得更加生動。

在轉場當中，動畫的觸發只會在物件進場（掛載時）以及物件出場（銷毀時）時執行，不過有時候物件也會在其他時機點執行動畫如拖拉、倒數計時等等。這時就可以使用 motion 來實作。

tweened

假設我們想要讓物體從 A 點移動到 B 點，可以將 A 移動到 B 的逐幀動畫列出來，只要達到每秒 60 幀即可達到動畫效果。在 Svelte 當中，可以使用 tweened API 達成。

tweened 的 API 介面與 Svelte 中的 store 相同，代表我們可以使用 $ 來存取 tweened 的值，也可以使用 update 與 set 來更新值。

```
<script>
  import { tweened } from "svelte/motion";

  const salary = tweened(10000, { duration: 1000 });
  setTimeout(() => {
    salary.set(50000);
  }, 1000);
</script>

<span>{Math.floor($salary)}</span>
```

範例當中展示了如何使用 tweened 的效果讓數字從 10000 轉換為 50000。第二個參數 duration 代表整個 tweened 執行的時間，因此從 10000 到 50000 並不是瞬間轉換，而是會在一秒內從 10000 逐漸跳到 50000。

除了用來表示數字的變化以外，也可以使用 tweened 實作動畫。

本章節程式碼連結位於 3-6-1 tweened 範例。

範例當中，透過了 tweened 實作了倒數計時功能，秒數的變化變得更加生動，更能展現倒數計時的臨場感。

tweened 還有其他參數：

- **delay**：延遲多久後執行（單位為毫秒）
- **duration**：動畫持續多久
- **easing**：與 transition 的 easing 參數相同，決定過場函數
- **interpolate**：除了數字以外，Svelte 也可以做任何數值的變化如日期、顏色

interpolate

除了數字以外，Svelte 也支援其他的型別。不過我們需要自行定義變化的方式讓 Svelte 知道數值之間應該如何插值。

有興趣的讀者，可以參考 d3-interpolate[5] 的實作，這個函式庫實作了各種型別內插的方式。

spring

spring，中文稱作彈簧。在做互動的時候我們通常將 spring 描述為物體的彈性程度，spring 的效果通常基於這兩個參數：stiffness（剛性）與 damping（阻尼系數）。spring 與 tweened 最大的不同之處在於 tweened 必須要給定動畫的執行時間，但 spring 的執行時間是根據給定的 stiffness 與 damping 參數決定。

5　https://github.com/d3/d3-interpolate

spring 的介面與 Svelte store 相同，因此也可以使用 $ 取值，並透過 set 或是 update 來更新值。

≫ stiffness 剛性

範圍在 0 ~ 1 之間，數字越大代表物體本身的彈簧效果越緊，當物體的移動時產生的彈簧效果也會越明顯。數字越小代表彈力越小，也因此物體的彈簧震動效果也會變得較為不明顯。

≫ damping 阻尼係數

阻尼係數代表物體彈簧效果的震動程度，範圍在 0 ~ 1 之間，阻尼係數越大，代表受到的阻力越大，震動的幅度或次數也會相對變少；阻尼係數越小，代表受到的阻力較小，彈簧效果的震動次數與幅度也會比較大一些。

善用 spring 可以讓物體看起來更活潑，也可以讓互動變得更加直覺，增加使用者對功能的黏著度。

spring 的使用方式如下：

```
<script>
    import { spring } from 'svelte/motion';
    let movement = spring({ x:0, y: 0 }, {
      stiffness: 0.25,
      damping: 0.8
    });
</script>


<span>{$movement}</span>
```

本章節程式碼連結位於 **3-6-2 spring** 範例。

範例當中透過 spring 實作圖片的拖拉效果，當圖片拖拉時並不是立即移動到游標位置，而是有一些延遲並根據 stiffness 與 damping 會有不同的效果；當使用者放開游標時，圖片會以彈簧效果的方式回到原本的位置，比起一般的過場效果更加生動。

本例當中使用到了 { soft: 0.5 } 選項，這個選項可以在 set 或是 update 方法當中當作第二個參數呼叫，代表保留當前的動量 0.5 秒在 spring 值要被更新之前；另一個參數為 { hard: true }，當 hard 為 true 時則兩個值之間不執行任何插值，直接轉換。

```
import { spring } from 'svelte/motion';
let movement = spring({ x:0, y: 0 }, {
    stiffness: 0.25,
    damping: 0.8
});
movement.set({ x: 100, y: 100 }, { soft: 0.5 })
```

3-7 Svelte 當中的 animate

animate 這個描述符會在迴圈（{#each}）有更新時呼叫。比較特別的是 Svelte 會幫你計算好更新前與更新後節點的位置。

因為已經掌握節點的位置，我們可以透過 FLIP 的技巧執行動畫。FLIP 動畫是 First、Last、Invert、Play 的縮寫，也就是我們先計算好物件的起始點、終點，然後用 invert 的方式插值之後執行動畫。

在 Svelte 當中有內建 flip 效果，可以直接搭配 animate 描述符使用。

本章節程式碼連結位於 3-7 animate 範例。

點擊任一按鈕之後，除了會執行 crossfade 的動畫以外，也會同時執行將其他按鈕往左邊推移的動畫。善用 flip 帶來的效果可以讓列表移動的使用者體驗變得更加流暢。

雖然 **flip** 可以帶來良好的使用者體驗，但是當列表數量過多時，執行 **flip** 可能會造成卡頓，列表內的位置頻繁移動時也有可能造成 **flip** 的計算失準導致動畫變得有些奇怪。

3-8　Svelte 當中的 \<slot>

slot 中文為插槽，可以將元件當中的部分顯示透過 slot 交由外部元件來實作。

雖然在 HTML 的 Web Components 當中也有 slot[6] 的存在，但 Svelte 的 slot 是在函式庫當中實作，因此在使用情境上完全不同。\<slot> 的使用方式和一般的 HTML 標籤類似，只要放在元件的 HTML 當中即可。

slot 很適合使用在內容時常需要由其他元件決定，而非寫死在元件內時使用，例如卡片 UI 當中，通常會實作標題、內容等樣式，但實際內容是由外部決定，這時就可以使用 slot 讓元件變得更加彈性。

一般使用方式

假設我們有一個 Paragraph 元件，負責將內容以 p 包起來：

≫ **Paragraph.svelte**

```
<p>
  <slot></slot>
</p>
```

6　https://developer.mozilla.org/en-US/docs/Web/HTML/Element/slot

在 App 元件當中我們可以這樣子使用：

≫ **App.svelte**

```
<script>
  import Paragraph from "./Paragraph.svelte";
</script>

<div>
  <Paragraph>
    <span>可在 App.svelte 當中決定內容</span>
    <a href="https://www.google.com">連結</a>
  </Paragraph>
</div>
```

這樣一來在 Paragraph 元件內的內容就會顯示在 p 標籤內。

提供 fallback

如果使用了具有 slot 的元件但沒有加入任何內容時，slot 會顯示預設內容，預設內容可以在 <slot> 內表示。

≫ **Paragraph.svelte**

```
<p>
  <slot>I'm a paragraph.</slot>
</p>
```

具名 slot

元件當中可以有不止一個 slot，為了做區分可以在 slot 加入名稱辨別，使用方式是在 slot 當中加入 name。

≫ Features.svelte

```
<div class="feature">
    <section id="section1">
      <slot name="section1" />
    </section>
</div>

<div class="feature">
    <section id="section2">
      <slot name="section2" />
    </section>
</div>
```

　　在元件使用時也需要明確指定內容應該被套用到哪個 slot 中。使用方式為在 HTML 當中加入 slot 指定要套用的 slot 名稱。

≫ App.svelte

```
<script>
    import Features from './Features.svelte';
</script>

<Features>
    <div slot="feature1">功能介紹 1</div>
    <div slot="feature2">功能介紹 2</div>
</Features>
```

　　可以看到在 div 裡頭加入了 slot=feature1 與 slot=feature2。使用具名 slot 時必須要注意同一個 slot 名稱只能被使用一次。

```
<div slot='feature1'>功能介紹 1</div>
<div slot='feature1'>功能介紹 1.1</div>
```

若同時使用相同的 slot 名稱，則會跳出錯誤 *Duplicate slot name "feature1" in <Features>*。

為了避免這種情況，如果想要在同一個 slot 名稱內放入多個元素，有兩個解決方法：

- 使用 **wrapper** 將多個元素包起來
- 使用 **<svelte:fragment>** 將多個元素包起來

在 slot 功能剛出現時，並沒有 <svelte:fragment> 這個 svelte 內建的 element，因此常見的做法是使用 wrapper 將多個元素包起來，不過在之後的版本 svelte 加入了 <svelte:fragement> 當作 wrapper 的功能解決了這個問題。

```
<Features>
    <div slot="feature1">
        <div> 功能介紹 1</div>
        <div> 功能介紹 1.1</div>
    </div>

    <svelte:fragment slot="feature2">
        <div> 功能介紹 2</div>
        <div> 功能介紹 2.1</div>
    </svelte:fragment>
</Features>
```

兩種方法都可以解決想在同一個 slot 裡加入多個元素的問題，大多數的情況下建議採用 <svelte:fragment> 來避免多餘的 wrapper 元素。

儘管 **slot** 功能相當好用，可以將顯示的內容與邏輯搬移到外部元件當中，在實務上我們應該盡量避免在同一個元件內加入過多的 **slot**。

過多的 **slot** 容易造成元件當中的實作細節暴露，開發者必須要額外掌握元件的實作才知道 **slot** 應該要放哪些內容，在哪些地方顯示，造成更多的心智負擔。

本章節程式碼連結位於 **3-8-1 具名 slot 範例**。

slot 傳遞資料

在 slot 當中可以像一般的元件一樣傳入屬性。

```
<slot prop={value}></slot>
```

prop 可以是任意名稱。

≫ **Paragraph.svelte**

```
<p>
    <slot darkmode={true}>I'm a paragraph.</slot>
</p>
```

這樣一來在外部元件使用時，就可以接收到來自 slot 的屬性。在這個例子當中，我們可能想要根據使用者是否啟用了 darkmode 來決定顯示的樣式，因此在 slot 當中傳入了 darkmode 屬性。

如果要讓外部元件存取 slot 的屬性，可以在元件中加入 let 這個描述符，並指定要存取的 slot 屬性名稱。Svelte 會將此屬性值賦值到變數當中，範例如下：

≫ **App.svelte**

```
<script>
    let darkmode;
</script>

<Paragraph let:darkmode={darkmode}>
    <div class:darkmode={darkmode}>
      <span>段落介紹</span>
    </div>
</Paragraph>
```

在這個範例當中，我們在 Paragraph 元件中使用 let:darkmode 來取得 slot 中的 darkmode 值，並根據 darkmode 的值決定是否加入 class 名稱。

本章節程式碼連結位於 3-8-2 let 使用方式範例。

使用 **slot** 的屬性功能傳值雖然讓外部元件有辦法存取到內部的資料，但也代表著開發者需要對內部實作有一定程度的了解，也會讓資料流變得比較不明顯一些。

$$slots

在 Svelte 當中，兩個 $$ 通常代表比較特別的變數，是由 Svelte 在編譯時生成的。在 $$slots 當中記錄著傳入元件的 slot 名稱。

≫ App.svelte

```
<script>
    import Paragraph from './Paragraph.svelte';
</script>

<Paragraph>
    <div> 段落介紹 </div>
</Paragraph>
```

在這個範例當中，我們傳入了 slot 內容，因為 slot 沒有特別命名，因此 $$slots 當中會以 default 當作 key 來表示。

```
$$slots.default === true
```

假如傳入了具名的 slot，那麼在 $$slots 當中也會記錄對應的名稱。

```
<script>
    import Paragraph from './Paragraph.svelte';
</script>
```

```
<Paragraph>
    <div>段落介紹</div>
    <div slot="section">
      hello
    </div>
</Paragraph>
```

在 Paragraph.svelte 當中存取 $$slots.section，會發現結果為 true。透過這種方式我們可以根據元件是否傳入特定 slot 來做樣式的微調。

≫ **Paragraph.svelte**

```
<p>
  <slot>I'm a paragraph.</slot>

  {#if $$slots["section"]}
    <code>Section slot is given</code>
  {/if}
  <slot name="section">Section</slot>
</p>
```

在程式碼當中我們加入判斷式，當 section 或是這個 slot 被傳入時會在畫面上顯示：*Section slot is given*。

本章節程式碼連結位於 **3-8-3 $$slots 使用方式介紹**。

3-9　Svelte 當中的 action

在 Svelte 當中可以使用 use 這個描述符將共用的邏輯提供給不同的元件、標籤使用。當 use: 被使用在 HTML 標籤時，會在元素被建立時呼叫。

使用方式

action 的使用方式和其他描述符相同，接收一個定義好的函數，在節點掛載時執行此函數，函數也可以加上第二個參數 params，任何透過描述符傳入的參數都會被傳入函數當中。

```
<script>
  function foo(node, params) {
    // 當節點已經掛載到 DOM 上
    return function destroy() {
      // 在節點被刪除時呼叫
    }
  }
</script>

<div use:foo={params} />
```

在本例當中，use:foo={params} 當中的 params 會傳到 foo 函數的第二個參數。

使用 action 的好處在於，可以將常見的邏輯透過 action 將函數拆分到元件外，且同一個 action 函數可以同時給多個元件使用，相當方便。

use: 這個描述符只能使用在 HTML 標籤上，不可以使用在 Svelte 元件，例如：<MyComponent use:foo /> 就是一個錯誤的寫法。

action 範例 – 按下 ESC 後呼叫函數

在 UI 當中會使用 ESC 來當作關閉的方式，例如彈窗跳出後按下 ESC 呼叫函數關閉視窗。由於這個邏輯在實作上相當常見，因此可以很適合拿來當作 action。

首先我們先實作一個 escape 函數：

```
export default keyboardEsc(node, params) {
    const { onEscKeydown } = params;

    function handleKeydown(e) {
      if (e.key === 'Escape') {
        onEscKeydown(e)
      }
    }

    node.addEventListener('keydown', handleKeydown)

    return () => node.removeEventListener('keydown', handleKeydown);
}
```

在節點被掛載到 DOM 上面時會呼叫 keyboardEsc 函數，當使用者按下 ESC 時會呼叫從參數傳進來的 onEscKeydown 函數。這樣子一來，在元件的實作上可以這樣寫：

```
<script>
  import keyboardEsc from "./keyboardEsc";
  let status = "opened";
</script>

{#if status === "opened"}
  <div use:keyboardEsc={{ onEscKeydown: () => (status = "closed") }}>
    即將離開，你確定嗎？
  </div>
{/if}
```

可以發現，透過 action 的方式，我們將監聽器的邏輯拆分到其他函數處理，元件之間也不會互相影響。

在這個範例當中，或許有些讀者會好奇，為什麼不直接使用 on:keydown 監聽器監聽函數就好？

當元件越來越多，如果每次都只是將處理寫在個別元件當中，那麼要進行擴充或改寫就會變得比較麻煩，例如改版之後可能想要按下 del 鍵時也可以呼叫關閉函數，或是在使用者在按下 ESC 時想要另外呼叫追蹤 API 計算跳出率。

當然，同樣的功能也可以透過別的方式達成需求，例如除了使用 use: 之外，也可以直接將關閉的處理另外包裝成元件。

如果在元件當中有重複的邏輯，且這些邏輯通常會作用到 DOM 節點上，例如計算寬高、註冊監聽器等等，這時就可以考慮使用 use: 來處理。

關於 action 使用場景，在 Svelte 實戰篇的音樂播放器 UI 當中有更詳細的實作。

3-10　Svelte 內建 Element

除了一般的元件之外，Svelte 內建了許多 element 可以使用來幫助開發。

- **<svelte:component>**：動態渲染元件

- **<svelte:window>**：透過此 element 可以方便地在個別元件內註冊 window 事件

- **<svelte:body>**：與 <svelte:window> 功能類似，但註冊的區域是 body

- **<svelte:head>**：可以將要放入 <head> 的內容透過此 element 管理，可以在個別元件內使用

- **<svelte:options>**：可以針對個別元件套用不同的編譯器設定

- **<svelte:fragment>**：可以將 slot 當中的內容包起來而不需要另外使用額外的 DOM 節點
- **<svelte:self>**：遞迴地使用元件

<svelte:component>

可以動態載入元件。使用方式是將 Svelte 的元件傳入 this 屬性當中，其他傳到 <svelte:component> 的屬性則會傳到元件當中。如果 this 沒有值的話，元件不會被渲染。

<svelte:component> 適合用在**需要根據動態時期的需求決定要渲染元件的場景當中**，例如在 App 當中有許多 modal 元件，每個 modal 元件可能都有對應的 Svelte 元件，這是我們可以將引入的 Modal 元件以物件的形式保存：

```
<script>
  import ConfirmModal from './ConfirmModal.svelte'
  import ProfileModal from './ProfileModal.svelte'
  import DepositModal from './DepositModal.svelte'
  let current = 'Profile';
  const modals = {
    Confirm: ConfirmModal,
    Profile: ProfileModal,
    DepositModal: DepositModal,
  }
</script>

<svelte:component this={modals[current]} data={data} />
```

在這個範例當中，我們透過 current 這個變數來決定要渲染的元件是什麼，在動態時期改變 current 變數就可以改變要渲染的元件。

\<svelte:window\>

\<svelte:window\> 提供了簡便的方式直接對 window 物件做操作，例如加入事件監聽器、綁定 window 的屬性。

舉例來說，如果我們在 Svelte 元件當中直接使用 {window.innerWidth} 時：

```
<p>Window Inner width: {window.innerWidth}</p>
```

雖然在瀏覽器上可以正常顯示，但是在 node.js 的環境當中，window 物件並不存在，因此當 Svelte 在處理此元件時就會發生錯誤。

\<svelte:window\> 標籤在 SSR 環境沒有作用，避免意外地存取 window 而造成錯誤。我們可以安心使用而不用擔心在伺服器存取時會造成錯誤。

\<svelte:window\> 可以綁定事件以及指定的屬性：

- **innerWidth**

- **innerHeight**

- **outerWidth**

- **outerHeight**

- **scrollX**

- **scrollY**

- **online**

使用方式與一般 Svelte 元件相同，可使用 on 描述符與 bind 描述符綁定事件或屬性。

```
<script>
    let scrollY;
    let innerWidth;
```

```
function handleResize(e) {
    console.log(e.target.innerWidth);
}

$: console.log(scrollY, innerWidth);
</script>

<svelte:window
  on:resize={handleResize}
  bind:scrollY={scrollY}
  bind:innerWidth
/>
```

Svelte 會處理註冊事件跟銷毀的邏輯，也會針對特定屬性做對應的處理，像是使用者更改視窗大小或 orientation 改變時要重新計算值等等，可以將比較麻煩的檢查交給 Svelte 處理。

在上面的程式碼範例當中，每次視窗大小發生改變時，**Svelte 會自動更新 innerWidth 以及 scrollY 變數**，所以開發者不需要自行定義 resize 事件監聽器更新。

在伺服器渲染時，任何在 <svelte:window> 的屬性或事件也不會被處理，直到實際在瀏覽器渲染時才會執行，因此也不需要擔心在 SSR 造成錯誤。

<svelte:body>

跟 <svelte:window> 的作用相同，只是作用的對象從 window 改為 body，在監聽 mouseover 或是 mouseleave 等事件時相當方便。

在 **<svelte:body>** 也可以使用 Svelte 的 action 功能。

<svelte:head>

head 在 HTML 當中扮演重要角色，主要的功能有：

- ■ **<link> 載入 CSS、放置 RSS 連結等外部資源**
- ■ **<title> 定義網頁的標題**
- ■ **<meta> 定義網頁中的資訊**

最常見的應用是開發者會使用 <meta> 定義當連結被分享至社交網站，或是實作 SEO 時，應該如何顯示網頁中的資訊。

一個網站當中可能會有多個頁面，每個頁面都可能會有不同的 meta 資訊，例如文章標題。

不過一個 HTML 檔案當中只能有一個 <head> 標籤與一個 <body>，但如果使用 Svelte 元件實作時，則需要管理多個顯示資訊在不同元件當中。

舉例來說，當使用者閱讀網站中的文章 A 時，meta 當中要置入文章 A 相關的資訊，例如文章首圖、標題與描述；當使用者切換到首頁時，則要切換至首頁的首圖、標題與描述。

在 Svelte 當中實作時，可能會使用兩個元件分別代表首頁與文章，通常開發者也想要將 meta 的內容個別放在元件中管理。

不過如同剛剛提到的，一個 HTML 檔案只能有一個 <head> 標籤與一個 <body>，因此要分別管理 head 裡的內容也比較麻煩一些。幸好，在 Svelte 當中可以使用 <svelte:head> 來管理 <head> 當中的內容。

例如在 Article 元件掛載時想要讓 <meta> 的 description 改變或是改變 <title>；切換到首頁時則改變描述都可以很輕鬆用 <svelte:head /> 做到。

<svelte:head> 支援 SSR，可以在 SSR 渲染時根據目前的元件搜集對應的 head 內容。一個 <svelte:head> 的應用如下：

```
<svelte:head>
  <title> 文章標題 </title>
  <meta property="og:url" content="https://www.example.com" />
  <meta
    property="description"
    content="description" />
  <meta
    property="og:description"
    content="description"} />
  <meta property="og:type" content="website" />
  <meta
    property="og:title"
    content="title" />
</svelte:head>
```

使用 <svelte:head> 最大的好處在於我們不需要將 <head> 全部的內容都統一在一個元件當中，而是根據需求放在個別元件，Svelte 會在元件更新時將 head 的內容全部替換。

<svelte:options>

可以根據元件分別指定編譯器選項，能夠在個別元件中使用的編譯器選項有：

- **immutable**

- **tag**

- **accessors**

- **namespace**

關於編譯器選項的詳細說明，可參考後續章節的說明。本章節會以 immutable 為範例講解使用方式。

≫ immutable 目的

可透過定義此編譯器選項告訴 Svelte 此元件不會更動從上層傳遞過來的物件，因此 Svelte 可以單純檢查 reference 是否相等，進而提升效能。

假設畫面上有三筆使用者資料想要傳入 Profile 元件，每次點擊時年齡就會 +1，在年齡大於等於 18 時會跳出已成年字樣。

```
<script>
    import Profile from './Profile.svelte';

    let profileList = [
      { name: 'kalan', age: 18 },
      { name: 'jake', age: 16 },
      { name: 'harry', age: 20 },
    ];

    function addAge(idx) {
      profileList[idx].age += 1;
    }

</script>

{#each profileList as profile, i}
    <button on:click={() => addAge(i)}>
     <Profile profile={profile} />
    </button>
{/each}
```

在 addAge 函數當中，我們使用了 profileList[idx].age += 1 的方式修改物件的屬性值，這種方式並不會改變變數對物件的參考，因此在 Svelte 當中需要近一步檢查此變數並更新。

　　舉例來說，在物件中修改 age 從 16 變為 17，由於物件的參考相同，因此在 Svelte 當中每次元件更新時，都必須假設物件中有變化，才不會發生明明物件屬性已經改變了，但因為參考相同而沒有觸發更新的情形。

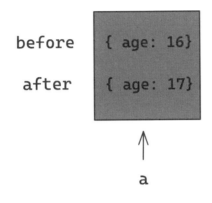

圖 3-5　a 變數指向的參考相同

≫ 加入 immutable 選項

　　為了避免上述情形，我們可以加入 immutable 選項。這個選項告訴 Svelte 編譯器，傳入元件的參考不會更動，每次都是傳入新的物件。這樣子 Svelte 編譯器就只要檢查參考是否相等就能決定是否觸發更新。

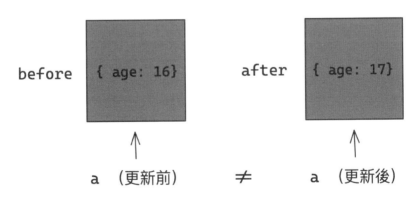

圖 3-6　a 指向的物件參考改變，觸發更新

在 Profile 元件當中加入 immutable 選項：

```
<.svelte:options immutable />
<script>
    import { afterUpdate } from 'svelte';
    export let profile;
</script>


<div class='container' bind:this={node}>
    {#if profile.age >= 18}
      <span>已成年！</span>
    {/if}
    <p>
      name: {profile.name}
    </p>
    <p>
      age: {profile.age}
    </p>
</div>
```

為了確保物件的不可變性，我們需要同時修改 addAge 函數的實作，確保每次改變年齡屬性時，都會重新建立物件。

```
function addAgeImmutable(idx) {
  profileList = profileList.map((profile, id) => {
    if (id === idx) {
      return {
        ...profile,
        age: profile.age + 1,
      };
    }

    return profile;
  });
```

```
}
function addAgeImmutable(idx) {
  profileList = profileList.map((profile, id) => {
    if (id === idx) {
      return {
        ...profile,
        age: profile.age + 1,
      };
    }

    return profile;
  });
}
```

這樣一來每次按下按鈕時，都只會更新有變化的元件。

如果不修改實作繼續使用原本的函數，會發現元件無法順利更新，這是因為我們已經加入了 immutable 的宣告，因此就算改變物件的值，只要參考沒有改變，一樣不會觸發更新。

本章節程式碼連結位於 3-10-1 svelte:options 範例。

可以發現使用 **immutable** 的更新方式，程式碼撰寫上會比較麻煩一些，也比較沒有那麼直覺，但是透過 **immutable** 改變參考的特性，可以讓 **Svelte** 更精準地得知哪些元件發生變化且更新，進而提高效能。

\<svelte:fragment\>

\<svelte:fragment\> 曾經在 slot 章節出現，因為具名 slot 只允許出現一次，如果在多個子元素當中使用同一個 slot 則會造成錯誤。例如下列程式碼：

```
<Profile>
  <p slot="name">
    kalan
  </p>
  <p slot="name">
    jake
  </p>
</Profile>
```

會發現 Svelte 編譯顯示錯誤訊息：*Duplicate slot name "name" in <Profile>*。

一般的解決方式是在最外層加入一個 wrapper 元素。

```
<Profile>
  <div slot="name">
    <p>
      kalan
    </p>
    <p>
      jake
    </p>
  </div>
</Profile>
```

雖然大部分的情況當中，加入一個 wrapper 元素不會對 UI 或實作造成太大影響，不過多少還是限制了元素的表現方式，因此出現了 <svelte:fragment> 方便將元素包成一個子元素並套用 slot，但不影響 HTML 結構。

<svelte:self>

<svelte:self> 與修飾符 **self** 有同樣名稱，但功能上完全不同。

　　<svelte:self> 能夠遞迴地引用元件本身，適合使用在具有遞迴結構的 UI 中。在 UI 上最常見具有遞迴結構的就是檔案系統的表示了。資料夾當中有檔案，也有可能有資料夾，資料夾打開後可能又有檔案與資料夾，具有可遞迴的特性。本章節的程式碼會以檔案系統 UI 為例，搭配 <svelte:self> 實作。

≫ FileTree.svelte

```
<script>
  export let files;
</script>

{#if Array.isArray(files.files)}
  <li>{files.name}</li>
  <ul>
    {#each files.files as file}
      <svelte:self files={file} />
    {/each}
  </ul>
{:else}
  <li>
    <span>{files.name}</span>
  </li>
{/if}
```

　　使用在 <svelte:self> 需要注意，因為遞迴容易造成無限迴圈，為了避免 UI 卡死，Svelte 限制 <svelte:self> 必須要在 if 區塊、each 區塊或是 <slot> 當中，沒辦法直接在最外層使用。如果直接使用會跳出警告：

　　<svelte:self> components can only exist inside {#if} blocks, {#each} blocks, or slots passed to components

　　同時也要記得實作遞迴時需要清楚定義終止條件，確保元件不會卡在遞迴。將檔案資料傳入 FileTree 當中：

```
<script>
  import FileTree from "./FileTree.svelte";
  const files = {
    name: "app",
    files: [
      { name: "src", files: [{ name: "test.js" }, { name: "tes2.js" }] },
      {
        name: "assets",
        files: [
          {
            name: "app.js",
          },
          {
            name: "main.css",
          },
          {
            name: "icons",
            files: [{ name: "icon1.svg" }, { name: "icon2.svg" }],
          },
        ],
      },
    ],
  };
</script>


<FileTree {files} />
```

透過 <svelte:self> 遞迴功能，可以讓整個元件的程式碼變得相當簡潔。

本章節程式碼連結位於 **3-10-2 svelte:self** 範例。

```
• app
    • src
        ○ test.js
        ○ tes2.js
    • assets
        ○ app.js
        ○ main.css
        ○ icons
            ▪ icon1.svg
            ▪ icon2.svg
```

圖 3-7 使用遞迴實作檔案結構樹 UI

3-11 Svelte SSR 功能

為了提升 SEO 以及渲染速度，通常在前端框架當中會提供 SSR 的功能，在 Svelte 當中有 SSR 功能可以使用。使用方式如下：

```
require('svelte/register');

const App = require('./App.svelte').default;

const { head, html, css } = App.render({
    user: 'kalan'
});
```

程式碼必須在 Node.js 環境呼叫才能得到正確結果。

在開頭引入 svelte/register 的原因在於 Node.js 環境當中並沒有辦法直接解析 .svelte 檔案（在不使用模組打包器的情況），為了讓 Node.js 也能夠讀取 .svelte 副檔名，必須要先呼叫 svelte/register 對原有的 require 函數做處理才不會出錯。

呼叫 App.render 後會回傳 head、html 與 CSS。如果是要實作純靜態頁面，回傳 HTML 字串給瀏覽器已經可以滿足需求。

不過要在 Svelte 當中完整做到 SSR，還需要在前端渲染 App 初始化時加上選項 hydrate: true，告訴 Svelte 不需透過 createElement API 建立 element，只要加入生命週期與事件監聽邏輯就好。

```
const app = new App({
  hydrate: true,
})
```

在單頁式應用當中，如果元件樹在伺服器端執行，會被序列化為 HTML 檔案，因為還沒有執行任何 JavaScript 程式碼，因此像是點擊、滾動等事件監聽，或是元件的生命週期等方法都無法順利執行，此時的狀態稱之為脫水（dehydrate）。

將互動、轉場效果、過場動畫等 JavaScript 程式碼加入 HTML 的過程稱之為補水（hydrate）。會將 Svelte 元件裡的響應式變數、狀態、事件監聽、元件週期等必要的程式加入靜態的 HTML 當中。

我們再次觀察瀏覽器，此時會發現錯誤訊息顯示：

options.hydrate only works if the component was compiled with the hydratable: true option

為了讓 Svelte 生成的 JavaScript 加入 HTML，還必須要到 Rollup 設定檔（或是 Webpack 設定檔）加入對應的選項：

```
svelte({
  hydratable: true,
})
```

才能順利執行 SSR 渲染與 JavaScript 的邏輯。

使用 **SSR** 框架

在 SSR 應用當中，除了能夠在伺服器端渲染 HTML 之外，整合其他常見功能也是相當重要的事情，例如：路由、圖片、靜態檔案打包、API 呼叫等等，都是必須一併考量的事情。

雖然大部分的前端框架都有內建 SSR 功能，但功能通常比較陽春，如果應用規模較大的話，建議使用 SSR 框架來實作。

在 React 與 Vue 當中有各自的 SSR 框架，像是 React 使用的 next.js[7]，以及 Vue 使用的 nuxt.js[8]，在 Svelte 當中也有提供 SvelteKit 可實作更完整的 SSR 應用，在第 5 章有更詳細的介紹。

3-12　Svelte 編譯設定

在 Svelte 開發當中，一般不會直接處理 Svelte 編譯器，而是透過模組打包器的套件來呼叫。本章節會介紹在 Svelte 中重要的編譯選項。不管是 Rollup或是 webpack 皆可透過 compilerOptions 將設定傳入 Svelte 編譯器當中。

	預設值	說明
generate	dom	決定 Svelte 要如何生成程式碼，可使用 ssr、dom。在伺服器端使用時使用 ssr；在瀏覽器端時使用 dom。
dev	false	設定為 true 時 Svelte 會加入額外訊息與跳出警告方便開發者 debug。
immutable	false	設定為 true 時代表 Svelte 編譯器預期傳入 Svelte 的屬性不會有 mutate 操作發生。
hydratable	false	設定為 true 時會讓 Svelte 跳過建立元素的步驟（createElement）而直接更新既有的 DOM 樹。設定為 true 時必須搭配 SSR 使用。

7　https://nextjs.org/
8　https://nuxtjs.org/

	預設值	說明
legacy	false	設定為 true 時 Svelte 會產生能夠在 IE9 或 IE10 等支援老舊瀏覽器的程式碼。 應用的程式碼也必須考量才能確保正確運行。
customElement	false	設定為 true 時能夠讓 Svelte 編譯器將程式碼打包為 customElement 的形式。
tag	null	搭配 customElement 使用，可決定 customElement 的標籤名稱。
css	true	設定為 true 時樣式會在 runtime 時加入。通常建議使用靜態 CSS 檔案而非 runtime。此選項通常只在開發時設為 true。
cssHash	svelte-hash 值	可修改 Svelte 生成的 hash 值。必須提供 { hash, css, name, filename } 並回傳 hash 字串當作 class 名稱。
loopguardTimeout	0	只有在 dev 選項為 true 時此選項才有效果。此選項能夠在迴圈執行超過指定毫秒時自動跳出。
preserveComments	false	設定為 true 時會在 SSR 保留 HTML 的註解。

完整的編譯器選項可到官方網站文件中確認[9]。

與先前章節中介紹的 <svelte:options> 不同，若在模組打包器當中傳入編譯器選項，則會套用到所有 Svelte 元件當中，而 <svelte:options> 只會作用在個別元件。

3-13　如何在 Svelte 中使用 CSS 預處理器

開發者對於如何使用 CSS 有各自喜好，像是使用 sass 或是 stylus 預處理器來撰寫樣式，方便定義函數以及管理變數。在 Svelte 當中可以針對 CSS 的處理方式做設定，本章節以 scss 為例，介紹如何在 Svelte 設定 CSS 預處理器。

9　https://svelte.dev/docs#svelte_compile

安裝 svelte-preprocess

在 Svelte 中可透過 preprocess 方法的參數決定如何原始碼傳入 Svelte 編譯器時應該如何處理。透過此 API 可以讓原始碼作預處理之後再傳入編譯器當中，方便第三方套件整合。

❶ 在 Svelte 專案中安裝 svelte-preprocess

在終端機上執行

npm install svelte-preprocess sass

安裝 svelte-preprocess[10] 與 sass[11] 套件。

❷ 修改 svelte preprocess 設定

在模組打包器的設定檔當中加入 svelte-preprocess。

≫ **rollup.config.js**

```
import preprocess from 'svelte-preprocess';
...
plugins: [
    svelte({
        preprocess: preprocess({
            scss: true,
        }),

    }),
    ...
]
```

10　https://github.com/kaisermann/svelte-preprocess
11　https://github.com/sass/dart-sass

在 rollup.config.js 設定檔中引入 svelte-preprocess 之後，在 svelte 當中加入 preprocess 選項，並傳入 scss: true 參數。

≫ webpack.config.js

如果使用 Webpack 當作模組打包器，可以在 rules 陣列當中設定 loader 選項。

```js
const preprocess = require('svelte-preprocess');

module: {
    rules: [
        {
            test: /\.svelte$/,
            options: {
                preprocess: preprocess({ scss: true }),
                ...
                compilerOptions: {
                    dev: !prod
                },
                emitCss: prod
            }
        }
    ]
}
```

❸ 在 <style> 中加入 lang

為了讓 Svelte 知道要使用何種方式預處理，需要在 style 標籤當中加入 lang 辨識。本範例當中使用 scss，開發者也可以根據需求選擇其他的預處理器。

```scss
<style lang="scss">
$fontSizes: (
  "large": 24px,
```

```
  "medium": 20px,
);

main {
  ...
  .article {
    font-size: map-get($fontSizes, "large");
  }
}
</style>

<main>
  <article class="article">
    <p>Lorem ipsum dolor, sit amet consectetur adipisicing elit.</p>
  </article>
</main>
```

這樣一來 scss 的語法就能順利在 Svelte 元件當中使用了。

Note

本章節涉及較多程式碼實作，因此會分為兩個部分說明，「實作方式及需注意的地方」以及「程式碼實作」。

本章節的案例會以實際開發常見的 UI 元件為主，搭配 Svelte 的功能實作，除了深入了解 Svelte 的使用方式之外，也能夠在學習過程當中掌握如何在前端實作完善、可維護、整合無障礙功能的 UI。

雖然每個章節都有範例程式碼提供參考，但仍然希望讀者可以先試著自己實作一遍之後再來對照本書的做法，除了更能夠明白範例當中的設計決策之外，也可以在過程中累積實作經驗。

本書的範例程式碼可以在 GitHub Repository 下載或是使用 svelte.dev 官方網站的 REPL 查看。

4-1 前言：實作 UI 時要注意的事

實作 UI 有許多需要考量的事情，本書當中會盡可能著墨在這三點：

- 狀態變化（包含錯誤處理）
- 無障礙功能
- 互動

這個章節會透過實作常見 UI 元件的方式幫助讀者更了解 Svelte 的使用方式，也會整合業界常見的開發手法以及實作 UI 時必須考量的各種面向。

狀態變化

在前端應用當中，我們時常需要處理各種不同的狀態，舉例來說：

≫ 空狀態

沒有文字、沒有標題、沒有圖片等等，甚至一位使用者剛創帳號，有許多版位都是空的資料。

≫ 一般狀態

所謂的一般狀態就是考慮正常狀況下，這個頁面會如何呈現，我們需要同時考慮，這裡的欄位是否為必要、可選的，是否有些版位會缺少圖片？要怎麼做替代？

≫ 載入狀態

當 API 正在呼叫時使用 loading 提示使用者，或是給出對應的訊息。

另外在元件當中也時常具備各種狀態，例如一個彈窗當中可能會有開啟與關閉狀態；按鈕當中可能會有可點擊與禁止；在播放器當中可能會有暫停、播放中、載入中等狀態。

雖然本書不會具體介紹狀態的管理手法以及實作方式，但在各個範例當中會描述實作 UI 時應該要考慮哪些狀態，以及可能的對應方式。

無障礙功能（accessibility）

在本書的開頭當中有提到 Svelte 對於無障礙功能的注重，最基本的像是 <a> 必須加入 href，不可以使用像是 javascript:void(0) 的方式當作 onclick 的效果使用；<img> 標籤必須加上 alt 替代文字等等。

除此之外，也有許多 UI 元件並無法使用單一 HTML 表示。這類型的 UI 如果沒有特別加入無障礙功能的實作，對於某部分的使用者來說是完全無法操作的。

針對此類型的 UI，我們可以按照 WCAG 定義的原則以及 WAI-ARIA 定義的內容來實作無障礙功能 UI。

身為前端工程師，應該對如何實作無障礙功能的 UI 有基本的了解，才能夠打造出任何人都可以存取的內容，Svelte 為了讓開發者實作無障礙功能，在編譯器警告上下了許多苦心，在本章節當中也會盡可能地涵蓋無障礙功能的實作。

互動

點擊按鈕、使用鍵盤操作、輸入文字、拉動滑桿，這些都是在網頁上常見的操作，因此如何做出良好的互動對使用者來說相當重要。透過 Svelte 的過場功能與 motion 功能，我們可以透過相當直覺的方式做動畫效果，進而提升使用者體驗。

4-2 客戶端路由（Client Side Routing）

通常在單頁式應用當中，如果涉及到多個頁面的轉換，一般會搭配瀏覽器的 History API[1] 來做到客戶端的路由，其最大的特色在於不需要重新整理頁面也能夠做到切換頁面的效果。

由於多個頁面的切換通常涉及複雜的狀態管理，因此在實務上多搭配其他函式庫來實作。在 React 當中最熱門的函式庫為 react-router[2]；在 Vue 當中則有官方的 vue-router[3]。

Svelte 並沒有特別規範客戶端應該要如何實作路由，也沒有任何對於路由的建議。由於 Svelte 作者認為路由導航這件事是需要看使用場景與開發者的偏好[4]，所以在 Svelte 生態圈當中並沒有統一的解決方案。

儘管如此，目前還是有比較熱門的函式庫採用與 React 和 Vue 類似的方法，也就是以元件的方式來實作路由。

本章節會以目前較熱門的 svelte-routing[5] 示範如何在 Svelte 實作客戶端路由。

1　https://developer.mozilla.org/zh-TW/docs/Web/API/History_API
2　https://reactrouter.com/
3　https://router.vuejs.org/
4　在 Svelte Society 2020 Rich Harris 提到開發者通常對於問題會有不同解決方式，由於其他開發者也好奇是否會有官方推出的路由，Rich Harris 本人也語帶保留說未來有可能推出。https://youtu.be/luM5uobewhA?t=380
5　https://github.com/EmilTholin/svelte-routing

建立路由

svelte routing 提供三個主要元件來實作路由：

- **Router**：提供整體路由的資訊，Route 與 Link 應該在 Router 之下
- **Route**：定義路徑以及要渲染的元件
- **Link**：導航至其他路徑

路由的設定通常會以元件樹的方式呈現：

```
<Router>
  <nav>
    <Link to="/posts/12">Go to post 12</Link>
    <Link to="/">Go Home</Link>
  </nav>
  <Route path="/" component={Home} />
  <Route path="/posts/:id" let:params>
    <BlogPost postId={params.id} />
  </Route>
</Router>
```

在 Route 元件當中，path 的定義除了可使用字串以外，也可以使用冒號、星號等方式動態匹配路徑當中的部分字串。

例如 /posts/:id 中，任何 /posts/xxx 形式的路徑都能夠匹配，且匹配到的參數會放入 id 當中，可使用 let:params 取得。

Route 元件可接收 component 屬性，將 Svelte 元件以屬性的方式傳入，例如程式碼範例中的 Home 元件；也可以使用 slot 的方式傳入，例如程式碼範例中 BlogPost 元件。

我們也可以使用 * 來表示匹配任何路徑，例如當其他路徑無法成功匹配時顯示 404 頁面。

```
<Router>
    <nav>
        <Link to="/posts/12">Go to post 12</Link>
        <Link to="/">Go Home</Link>
    </nav>
    <Route path="/" component={Home} />
    <Route path="/posts/:id" let:params>
        <BlogPost postId={params.id} />
    </Route>
    <Route path="*">
        <p>404!</p>
    </Route>
</Router>
```

只要確保 Route 元件與 Link 元件在 Router 元件底下，就算路由宣告不在同一個元件當中也可以順利執行，如下列程式碼：

```
<Route path="/profile/*" component={ProfileRoute} />
```

≫ ProfileRoute.svelte

```
<Router basepath="profile">
  <Route path="/user">user</Route>
  <Route path="/setting">user setting</Route>
  <Route path="/address">address</Route>
</Router>
```

如此一來就可以針對每個子功能額外拆分路由的設定。

本章節程式碼連結位於 **4-2 Client Side Routing**。

4-3　處理 API 與畫面互動

API 處理應該是前端當中最常遇到場景，當 API 還沒完成時先顯示 loading 畫面，當我們的 API 載入完成之後把資料顯示在畫面上。

除此之外，實作 API 還需要考量一些事情：

- 狀態處理（正常狀態、載入中、失敗、成功）

- 在元件裡頭呼叫或其他地方做處理

- 畫面上要如何呈現

本範例會透過 GitHub API 搭配 store 實作 UI。

功能簡介

在畫面當中設定三個按鈕分別為 React、Vue、Svelte，點擊按鈕時會以該前端框架當作搜尋關鍵字呼叫 GitHub API，並將結果顯示在畫面當中。

我們可以加入更多功能讓 UI 的操作更加流暢：

- 畫面初次載入時，以 **React** 為預設值

- 在 **API** 尚未載入完成時顯示 **Loading** 文字

- 載入完成之後，使用 **fadein** 顯示列表

- 切換關鍵字時，重新呼叫 **API** 並清除先前列表

- 如果切換關鍵字時請求尚未完成，取消先前的請求

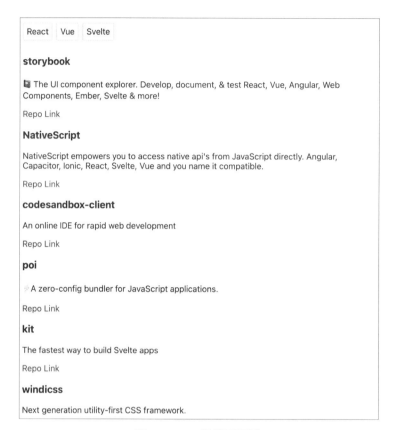

圖 4-1 API 與畫面互動

實作重點

≫ 可取消的 fetch API

為了讓 API 請求可以取消，範例當中使用了 AbortController[6] 來實作。初始化一個 AbortController 後在 fetch API 的第二個參數當中傳入 signal: controller.signal，之後就可以呼叫 controller.abort 方法來取消請求。

---

6 https://developer.mozilla.org/zh-TW/docs/Web/API/AbortController AbortController 在某些瀏覽器上可能無法正常運作。

```
const controller = new AbortController();
const promise = fetch(`https://api.github.com/search/
repositories?q=topic:${topic}`, { signal: controller.signal })
    .then(res => res.json())
```

因此在實作中，我們同時將 controller 與 promise 回傳，讓開發者可以在其他程式碼片段裡呼叫。

當 controller.abort 函數被呼叫時，如果請求正在進行，瀏覽器會取消這個請求並忽略回應並拋出一個 AbortError。

≫ 使用 store API 實作

在本範例當中，我們不使用 Svelte 的 await 區塊語法功能來處理 promise，而是嘗試使用 store API 來實作。雖然需要撰寫的程式碼較多，但能夠更彈性地控制 API。有興趣的讀者也可以參考程式碼後改寫為 await 區塊語法的版本。

為了控制關鍵字，所以在 store 當中宣告一個 writable 的 store 給元件使用：

```
export const selected = writable('react');

export const setSelected = (topic) => selected.set(topic);
```

在 store 當中使用了一個物件以及三個屬性分別存放載入狀態、資料以及錯誤訊息。

```
export const repos = readable({
    status: 'idle', // idle | loading | loaded | error
    items: [],
    error: null,
}, sct -> {
```

```
    // 呼叫 API…
});
```

在本次的實作當中，只有在按鈕點擊後關鍵字有改變的情況下才會呼叫 API，所以我們使用 readable store，確保外部程式無法直接修改 store 的值。

≫ 元件實作

最後在元件的實作中就可以直接呼叫 api 與 store。每次呼叫 setSelected 時因為 selected 狀態更動，會接著觸發 readable 裡面的邏輯並呼叫 API。

```
{#each labels as label}
  <button class:active={$selected === label} on:click={() =>
setSelected(label)>{label}</button>
{/each}

{#if $repos.status === 'loading'}
  <span>Loading...</span>
{:else if $repos.status === 'loaded'}
  <div transition:fade>
      {#each $repos.items as item (item.id)}
          <h3>{item.name}</h3>
          <p>{item.description}</p>
      {/each}
  </div>
{:else if $repos.status === 'error'}
  <span>{$repos.error}</span>
{/if}
```

透過 $repos.status 來判斷 API 的狀態，並使用 transition 來展示過場動畫，這樣一來每次我們切換關鍵字時都會有漸入漸出的效果。

》觀察 API 變化

我們將呼叫 API 的實作封裝在 repos 這個 readable store 裡頭，如果發現前一個 API 請求還沒完成就切換關鍵字的話，會呼叫 controller.abort 取消請求。

```
if (currentController) {
    currentController.abort();
}
```

API 請求是否被取消可以從 Debug Tool 的 Network 分頁查看，如果請求被取消，則會顯示「已取消」或是「Cancelled」。

| repositories?q=topic:svelte | (已取消) | fetch | VM200:760 | 0 B | 274 毫秒 |
| repositories?q=topic:vue | 200 | fetch | VM200:760 | 19.2 kB | 940 毫秒 |

圖 4-2　顯示已取消的字樣

總結

我們透過 Svelte 的 store 封裝，將主要的邏輯放在 store 當中，避免元件參雜太多業務邏輯使整個元件變得過於複雜。

在 store 當中甚至可以和其他函式庫做整合，讓業務邏輯更容易維護，甚至可以讓外部的程式碼存取 store。

我們也盡量考慮實作 API 時可能會遇到的情況，像是適時地取消請求、顯示錯誤訊息等等，盡可能讓使用者有更好的使用體驗。

本章節程式碼連結位於 4-3 處理 API 與畫面互動。

4-4 實作 Modal 元件

Modal 在網頁當中相當常見，想要讓使用者看到某些提示，讓使用者焦點注意在對話框時就可以使用這個 UI。

這是從 bootstrap 官方網站截取下來的圖片，可以看到在螢幕中間有一個小視窗，來提醒使用者一些注意事項，我們通常把這個 UI 叫做 dialog 或是對話框。

圖 4-3 bootstrap 上的 modal 樣式

dialog 或是 modal 都有人在使用，在本範例當中會使用 modal 來稱呼此 UI。

雖然 Modal 是前端應用當中時常看到的 UI 元件之一，但如果沒有把它做好的話其實是一個非常不好的使用者體驗。例如按鈕過小、無法按下 ESC 關閉、無法使用鍵盤導航等，許多開發者會忽略這些實作導致體驗不佳。

本章節會透過 Svelte 實作完整的 modal UI，包含在實作互動時應該注意的細節、鍵盤導航實作以及無障礙功能。

功能簡介

- 可透過按鈕或其他方式開啟與關閉
- 通常背後會加入一層 overlay 讓使用者更加專注在 modal 上
- 關閉按鈕、按下 ESC 時可以關閉
- 按下 overlay 時可以關閉
- 將 body 的滾動鎖定
- 客製化 modal 內容與樣式（使用 <svelte:component> 實作）

實作重點

≫ 透過 store API 保存 modal 狀態

Modal UI 時常在各個頁面中呼叫，在實作上希望每個元件都有辦法存取到 modal 當前的狀態（如開啟或關閉），因此在這邊使用了 store API 來實作，只要將 store 引入到元件當中就可以使用，相當方便。

```
export const modal = writable({
    status: 'closed', // opened | closed,
    title: null,
    component: null,
    params: {},
    firstFocusElement: null,
});
```

根據使用情境不同，modal 有可能使用相同 UI，只修改裡頭的參數如標題與內文，或是只提供統一的外框，裡頭的實作可以用其他元件替代。

本章節為了展示 <svelte:component> 使用情景，所以使用後者，也就是可用其他元件當作 modal 內容。

```
export const open = (title, params = {}, component) => modal.set({
    status: 'opened',
    title,
    component,
    params,
});

export const close = () => modal.set({
    status: 'closed',
    title: null,
    component: null,
    params: null,
});
```

　　除了定義 store 之外，也定義了 open 與 close 方法方便直接在元件內呼叫，同時可以在 open 方法當中傳入參數來決定要如何顯示 modal。

　　如果一次要修改的 store 屬性比較多的話，建議可以採用此方法用函數將操作包裝起來，維護起來比較容易。

≫ 元件實作

　　元件的實作重點在於是否有將必要的互動加入：

- 按下按鈕時關閉 **modal**
- 監聽 **keydown** 事件並偵測 **ESC** 是否按下觸發 **modal** 關閉
- 滿足功能需求並具有彈性

```
<div transition:fade class="modal-wrapper">
    <div class="modal">
      <div class="modal-head">
        <h3 class="title" id="{titleId}">{title}</h3>
        <button type="button">
        <span aria-hidden={true>&#10005;</span>
        </button>
      </div>
      <slot>
        Description
      </slot>
    </div>
</div>
```

　　一個基本的 modal 設計可包含這幾個要素，最外層（modal-wrapper）使用一層圖層將 modal 背後的不透明度調低，進而讓使用者專注在當前的 UI 上。

　　modal 當中主要可分為三部分，標題、關閉按鈕以及內容。其中 .modal class 負責提供 modal 的雛型，而內容則以 <slot> 來表示，代表開發者可以根據需求自行定義元件。

≫ 互動事件

```
function handleKeydown(e) {
  if (e.key === "Escape") {
    // ESC
    close();
  }
}
onMount(() => {
  document.addEventListener("keydown", handleKeydown);

  return () => {
    document.removeEventListener("keydown", handleKeydown);
  };
});
```

我們需要監聽全域的 keydown 事件，這樣在 modal 開啟時才能確保就算焦點不在 modal 裡也能關閉。

為了在元件掛載後執行，我們使用了 onMount 方法，並在裡頭註冊事件監聽器。特別要注意的是要記得在 onMount 的回傳函數中呼叫 removeEventListener，讓元件銷毀時可以自動移除在 document 上的事件監聽器。

接下來我們在元件監聽點擊事件：

```
<div class="modal-wrapper" on:click|self={(e) => close()}>
    <div class="modal">
      <div class="modal-head">
        <h3 class="title" id="{titleId}">{title}</h3>
        <button type="button" on:click={() => close()}>
          <span aria-hidden={true}>&#10005;</span>
        </button>
      </div>
      ...
    </div>
</div>
```

主要的互動在於 modal 背後的 overlay 被按下或是關閉按鈕被按下時要關閉 modal。從這裡可以找到關於 self 修飾符的應用。在當前的設計當中，任何在 modal 裡面的點擊事件都會向上冒泡傳播到 .modal-wrapper 當中，為了判斷使用者是真的點擊了 overlay 而非其他元素，我們使用 self 修飾符來簡化程式碼。

≫ 鎖定滾動

在 modal 顯示時，為了讓使用者比較容易查看內容，通常我們會暫時鎖定 body 中的滾動，才不會滾動滑鼠時背後的背景也在滾動。這是許多開發者時常忽略的事，我們趕快加上吧！

我們希望每次 modal 開啟時都會自動加入這個滾動鎖定，因此可以透過響應式語法監聽 $modal.status 的變化。

```
<script>
  $: {
    if ($modal.status === "opened") {
      document.body.classList.add("prevent-scroll");
    } else {
      document.body.classList.remove("prevent-scroll");
    }
  }
</script>

<style>
  :global(.prevent-scroll) {
    overflow-y: hidden;
  }
</style>
```

每次 modal 開啟時在 body 加入 prevent-scoll 類別，關閉時移除。透過定義 .prevent-scroll 的樣式，我們可以鎖定 body 的滾動。

一般應用中多以垂直滾動為主，但有些應用也會有橫向滾動的場景出現，本書只有實作垂直部分。對於有滾動捲軸的瀏覽器或作業系統來說，為了確保頁面的流暢程度，也會另外計算捲軸的大小以避免加入 **overflow** 時捲軸消失造成的頁面跳動。

≫ 將 modal 放入 App.svelte

本次的實作是將元件的內容放在 store 當中，因此我們可以透過 <svelte:component> 動態渲染元件的內容。

```
{#if $modal.status === 'opened'}
  <Modal title={$modal.title}>
    <svelte:component this={$modal.component}
{...$modal.params} />
  </Modal>
{/if}
```

無障礙功能實作

雖然 HTML5 可以使用 <dialog> 標籤來實作，但目前瀏覽器的支援度不佳之外，不同瀏覽器下的外觀也會有所不同，因此目前仍然以開發者自行實作為主。

Modal 的無障礙功能實作需要考量幾點：

- 加入對應的 **WAI-ARIA** 標籤使螢幕閱讀器正確導航
- 當 **modal** 開啟時將焦點鎖定在 **modal** 內

≫ 讓螢幕閱讀器辨識 modal UI

在實作 UI 時需要考量使用者會使用不同方式來存取網頁，像是透過螢幕閱讀器、點字機等等，這類型的使用者可能無法用眼睛閱讀資訊，而是使用螢幕閱讀器朗讀的聲音或點字回饋與網頁互動。

因此在實作無障礙功能相當重要的一點是，**必須假定使用者會以不同的方式存取網頁。**

為了讓螢幕閱讀器辨識 modal UI，我們可以使用 role=dialog 與 aria-modal。

```
<div transition:fade tabindex="-1" role="dialog" class="modal-wrapper"
on:click|self={(e) => close()}>
    <div class="modal" role="document" aria-modal={true}
bind:this={modalEl} transition:scale={{delay: 50, duration: 300}}>
...
</div>
```

這樣一來螢幕閱讀器就能夠辨識 modal UI 並以 modal UI 的形式描述此元素。

≫ 省略圖片或符號

```
<button type="button" aria-label=" 關閉視窗 " on:click={() => close()}>
    <span aria-hidden={true}>&#10005;</span>
</button>
```

使用螢幕閱讀器的使用者可能無法觀看圖片，為了避免 icon 類的按鈕被閱讀器讀出造成使用者混肴，可以使用 aria-hidden 讓閱讀器省略此元素，同時使用 aria-label=" 關閉視窗 " 讓閱讀器正確解讀按鈕的意圖。

加入 aria-labelledby

在本次實作當中，每個 modal 都有標題（title）。加入 aria-labelledby 可以
讓 modal 與標題產生關聯，當螢幕閱讀器導航至該元素時，會將被關聯的字
串一併閱讀出來。aria-labelledby 以 id 當作關聯，因此我們可以在 modal-title
中加入 id：

```
<h3 class="title" id="{titleId}">{title}</h3>
```

再來，在 .modal 標籤裡加入 aria-labelledby 產生關聯：

```
<div class="modal" role="document" aria-modal={true} aria-
labelledby={titleId}>
```

這樣一來，每次螢幕閱讀器導航至此元素時，都會一併唸出 h3 的標題來提
示使用者此 modal 的意圖。

程式碼裡對 titleId 另外寫了一份 uuid 函數來避免 id 撞名。在 HTML 當
中 id 只能有一個，讀者可以根據不同的方式來管理 id，id 在本範例當
中用來產生關聯，只要確保不會撞名即可。

鎖定焦點在 modal 內

使用者可能會使用 Tab 移動焦點當作導航方式，在 modal 打開時通常不希
望焦點會移動到其他元素上，這種將焦點固定在某個範圍的方式稱作 focus
trap。

舉例來說，當我們不斷按下 Tab 時，焦點會不斷在頁面中移動。不過
modal 開啟時，因為背景已經被 overlay 覆蓋，因此如果沒有將焦點鎖定在
modal 裡，很容易造成使用者體驗不佳。

為了確保切換焦點發生在 modal 內，我們需要自行控制焦點的移動。

```javascript
function handleKeydown(e) {
  const allFocusableElements = modalEl.querySelectorAll('a[href],
input:not(:disabled), button:not(:disabled), area,
textarea:not(:disabled), [tabindex="0"]');
  const len = allFocusableElements.length
  const first = allFocusableElements[0];
  const last = allFocusableElements[len - 1];

  if (e.key === 'Tab') { // Tab, shiftTab?
    if (e.shiftKey) { // shift + tab
      if (document.activeElement === first) {
        e.preventDefault();
        last.focus();
      }
    } else { // tab
      if (document.activeElement === last) {
        e.preventDefault();
        first.focus();
      }
    }
  }
}
```

在 handleKeydown 函數當中，分別監聽 Tab 與 Shift+Tab 是否被按下，並透過 querySelectorAll 來選取 modal 中全部可以被聚焦的元素。

需要注意的地方在於當焦點到 modal 元件的最後一個時，會將焦點重新設定到第一個；使用 Shift+Tab 移動到第一個時會將焦點設定到最後一個。為了確保預設的焦點切換行為不會發生，需要另外呼叫 e.preventDefault()。

本章節程式碼連結位於 4-4 Modal UI 實作。

4-5 客製化滑桿 Slider

滑桿提供使用者透過滑鼠拖拉的方式調整參數的範圍，對於調整連續性的數字變化是相當方便的 UI，像是調整音量、播放進度、數字的上下限等場景都可以使用滑桿。

大部分的場景當中，在 HTML 中可使用 input 標籤與 type=range 來實作 Slider UI，並使用 onchange 來監聽數值的變化。此方法最方便，也最能夠支援無障礙功能。

不過有時候也會出現使用原生 input 標籤不是那麼恰當的使用場景，以下是原生 input UI 的限制：

- 原生的 UI 拖拉行為是根據瀏覽器決定的，很容易受限於瀏覽器的實作
- 樣式會根據瀏覽器有些許不同
- 雙向綁定時不容易客製化（如播放進度條、音量條）

因此本章節不會使用 input 來實作滑桿，而是用客製化的方式盡可能符合使用場景的需求，並考量無障礙功能的實作。

功能簡介

本次要實作的滑桿 UI 有以下功能：

- 可自行定義最小、最大值以及每次移動的值
- 可以直接點擊長條部分選擇數字或透過滑鼠拉動
- 每次拉動或改變值時觸發客製化的 change 事件
- 在元素被聚焦時可透過鍵盤控制進度條

實作重點

≫ 定義最小、最大值與每次移動的值

為了讓外部元件可以控制最小、最大值以及當前的值，我們將這些值當作元件的屬性傳遞。

```
<script>
  export let min = 0;
  export let max = 100;
  export let step = 2;
  export let current = 3;
  let sliding = false;
</script>
```

首先我們先定義滑桿常見的屬性：

- **Min: slider** 的最小值

- **Max: slider** 的最大值

- **step:** 每次滑動時要增加、減少多少

- **current:** 目前的值

≫ 點擊或滑動滑桿

滑動滑桿的實作是本章節當中比較複雜的部分，在滑動滑桿時通常會滑出長條的範圍，所以除了在長條內註冊監聽器之外，需要另外在 body 上監聽事件。

在 如 果 要 支 援 手 機，需 要 另 外 加 上 touchmove、touchstart、touchend，因實作類似，為節省程式碼在本範例當中會省略 touch 事件的實作。

需要監聽的事件有：

- **mousemove**（拖申）

- **mouseup**（放開滑鼠時）

- **mouseleave**（滑鼠移開長條時）

```
<svelte:body
  on:mousemove={handleMouseMove}
  on:mouseup={handleMouseup}
  on:mouseleave={handleMouseup} />
<div class="slider" on:mousedown={handleMouseDown}>
  <div class="rail">
    <div class="ball" style="left: calc({(current / max) * 100}% -
8.5px)" />
    <div class="fill" style="transform: scaleX({current / max})" />
  </div>
</div>
```

這樣一來滑桿的基本雛型就算完成了。這邊使用了 <svelte:body> 負責來註冊 body 上的監聽器，Svelte 會在正確的時間點註冊與銷毀事件，也會避免在 SSR 環境註冊事件造成錯誤。

接下來我們分別實作 handleMouseDown、handleMouseMove 與 handleMouseUp 三個函數。

為了將數字的範圍映射到實際滑桿的長度，我們需要公式計算，計算每次移動時滑桿時，應該要在畫面上移動多少距離。計算的方式為

$$scale = \frac{clientWidth}{\frac{max}{step}}$$

　　計算 scale 要特別注意的是，因為 clientWidth 可能在使用者調整視窗大小時改變，max 與 step 也有可能中途改變，因此每次這些值產生變化時都需要重新計算一次。我們可以用響應式語法與 bind:clientWidth 來完成。

```
<script>
  let clientWidth;
  $: scale = clientWidth / (max / step);
</script>

<div class="slider" bind:clientWidth>...</div>
```

　　在 bind 的章節當中，我們有提到像是 clientWidth 與 clientHeight 屬性綁定，在使用者改變視窗大小時，Svelte 會自動重新計算並更新到變數，因此我們不需要另外做處理。

　　接下來我們還需要將滑鼠點擊時的位置映射到數字範圍。在 JavaScript 當中可以使用 e.clientX 或是 e.clientY 來獲取點擊位置（本章節使用水平滑桿，因此使用 e.clientX），此座標點相對於長條的點再乘以 step，即可得出位置與數字的映射。

$$currentValue = \frac{e.clientX - slider.left}{scale} * step$$

有這兩個公式之後就可以決定滑鼠按下後與拖曳時的實作：

```
function handleMouseMove(e) {
    if (sliding) {
      const distance = e.clientX - slider.getBoundingClientRect().left
      const value = Math.round((distance / scale)) * step;
      current = Math.max(Math.min(value, max), min);
    }
}
```

```
function handleMouseDown(e) {
    sliding = true;
    const distance = e.clientX - slider.getBoundingClientRect().left
    const value = Math.round((distance / scale)) * step;
    current = Math.max(Math.min(value, max), min);
}
```

這邊使用了 Math.round 來避免浮點數，不過根據使用需求也可以直接使用計算出來的數字。每次判斷 mousemove 時，都要記得檢查 sliding 變數是否為 true，確保使用者是按下滑鼠的狀態。

為了防止數字範圍落在 max 與 min 之外，使用了 Math.max 與 Math.min 限制數字範圍。

最後實作 handleMouseUp 的函數將 sliding 變數改為 false，整個滑桿的 UI 與功能就大致完成了。

```
function handleMouseup(e) {
  sliding = false;
}
```

≫ 加入 tabIndex 與鍵盤導航

對於可互動的 UI，我們必須時時假設使用者會使用非滑鼠的方式操作 UI，因此為了讓元素可被聚焦，需要另外加入 tabIndex=0 使其生效。

只要 **tabIndex** 大於等於零即可被瀏覽器聚焦，瀏覽器會依照 **tabIndex** 值從大到小按順序聚焦。在實作上不建議擅自改變聚焦的順序，以免造成使用者的困擾，因此在實務上通常只用 **tabIndex=0** 將元素改為可聚焦，或透過 **tabIndex=-1** 改為無聚焦。

另外我們在滑桿元素上加上 keydown 事件並監聽上下左右方向鍵，按下後能夠前進與後退一格。

```
function handleKeydown(e) {
    if (e.key === 'ArrowLeft' || e.key === 'ArrowDown') {
      e.preventDefault();
      const nextValue = current - step;
      current = Math.max(nextValue, min);
    } else if (e.key === 'ArrowUp' || e.key === 'ArrowRight') {
      e.preventDefault();
      const nextValue = current + step;
      current = Math.min(nextValue, max);
    }
}
```

將滑桿 UI 加上 keydown 監聽器

```
<div
  tabindex="0"
  bind:clientWidth
  class="slider"
  on:mousedown={handleMouseDown}
  on:keydown={handleKeydown}
>
  ...
</div>
```

無障礙功能實作

在前一個段落中我們已經實作了鍵盤導航以及 tabIndex 使元素可以被瀏覽器聚焦，接下來我們加入對應的 WAI-ARIA 讓螢幕閱讀器正確閱讀滑桿的數字。

- **aria-valuemax**：滑桿的最大數值

- **aria-valuemin**：滑桿的最小數值

- **aria-valuenow**：滑桿的當前數值

- **aria-orientation**：可以是 horizontal 或 vertical，表示滑桿為水平或垂直

- **role=slider**：提示此 UI 為滑桿

實作上相對簡單，只要把變數放入對應的 WAI-ARIA 標籤當中即可。

```
<div
  tabindex="0"
  bind:clientWidth
  aria-valuemax={max}
  aria-valuemin={min}
  aria-valuenow={current}
  aria-orientation="horizontal"
  role="slider"
  class="slider"
  on:mousedown={handleMouseDown}
  on:keydown={handleKeydown}
/>
```

這樣一來螢幕閱讀器就能夠將此滑桿的最大值、最小值、當前值讀出了！

本章節程式碼連結位於 4-5 滑桿 Slider。

如何減少重排（reflow）

在改變滑桿的寬度時，我們可以直接計算寬度後將數字放入 CSS 當中，不過改變 在瀏覽器當中每次改變元素的寬度時都會觸發一次 reflow，因為瀏覽器必須要知道寬度改變是否會讓版面上的其他元素重排。因此在本章節當中，我們使用 transform: scaleX，透過縮放 x 軸的方式調整寬度，避免不必要的重排。

```
<div class="fill" style="transform: scaleX({current / max})">

</div>
```

使用 transform 屬性時，瀏覽器會另外建立圖層並使用硬體加速計算縮放，透過 trasnform 調整寬度時，就不需要觸發 reflow 也能夠完成，可以大幅提升效能。

另外要注意的是在 handleMouseDown 的函數實作當中，使用了 getBoundingClientRect 來獲取節點的位置資訊，呼叫此 API 也會造成 reflow。

因為我們無法確定在拖拉的過程中滑桿的位置是否會改變，因此每次在拖拉滑桿時都會重新呼叫一次 getBoundingClientRect。相反地，如果確定位置不會變動的話，也可以改寫此函數的實作，讓 getBoundingClientRect 只要被呼叫一次即可。

在範例當中為了展示滑桿與其他功能的整合，將滑桿 UI 與 API 列表應用組合，每次拉動滑桿時會改變薪資範圍，並篩選出符合條件的職缺。

資料來源為 GitHub 上的 f2e.tw，薪資資訊則為程式亂數產生。

圖 4-4　綁定滑桿與列表

4-6　表格（Table）

　　表格在前端當中非常常見，遇到結構化的資料想要呈現在畫面上時，通常會使用表格實作，本章節會介紹如何活用 Svelte 的功能來實作表格。

功能簡介

　　在前端當中表格的應用相當豐富，本章節主要以實作純顯示的表格為主，也就是表格單純用來顯示資料，而不涉及點擊、編輯、拖拉、搜尋等操作。

- 表格可根據傳入的設定顯示資料

- 表格可顯示文字、數字格式、圖片、自定義的元件

- 可以依照自定義的函數排序資料

　　表格通常以 \<table\>、\<thead\>、\<tbody\> 三大部分組成。

≫ 設定顯示資料

　　在表格當中可能根據每個資料設計不同的顯示方式，因此我們可設計一個 config 檔方便記錄對應的資料設定。

```
config: {
    name: '標頭的表示名稱 ',
    sortable: true | false,
    comparator: (a, b) => 0, 1, -1,
    formatter: (data) => string,
    component
}
```

- **name**：標頭的表示名稱

- **sortable**：此欄位是否可以排列

- **comparator**：用來排序資料的函數，函數簽名與 Array.prototype.sort[7] 相同
- **formatter**：資料如何顯示的函數
- **component**：接收 Svelte 元件用來表示資料

實作重點

≫ 實作 Table 元件

我們先將 Table 應該具備的元素 \<table>、\<thead> 與 \<tbody> 放入適當的位置。

≫ Table.svelte

```
<script>
  export let data;
  export let config;
  import { setContext } from "svelte";
  import Thead from "./Thead.svelte";
  $: setContext("config", config);
</script>

<table>
  <thead>
    <Thead {data} onSort={handleSort} />
  </thead>
  <tbody>…</tbody>
</table>
```

7　https://developer.mozilla.org/zh-TW/docs/Web/JavaScript/Reference/Global_Objects/Array/sort

≫ 完成 Thead 元件

Thead 元件是對每一個標頭的進一步封裝，為了讓之後的處理變得更簡潔因此額外拆成元件處理。

≫ Thead.svelte

```
<script>
    import TheadColumn from './TheadColumn.svelte';
    export let config
    export let onSort;
</script>
<tr>
    {#each Object.keys(config) as c (c)}
      <TheadColumn on:sort={onSort} field={c} title={config[c].name}
sortable={config[c].sortable} />
    {/each}
</tr>
```

Thead 元件會遍歷傳入的設定檔，並將設定檔 name 屬性當作標頭名稱，也會一併將 sortable 屬性傳入。

≫ TheadColumn.svelte

先實作 HTML

```
{#if sortable}
<th>
    <button on:click={handleClick}>
      <span>{title}</span>
      <span>排序：{getText(sorting)}</span>
    </button>
</th>
{:else}
<th>
```

```
    <span>{title}</span>
</th>
{/if}
```

需要特別注意的地方在於當欄位為可排序時，我們使用 button 讓欄位本身是可點按的，這樣使用者才知道可以透過點擊按鈕來排序資料。

為了將排序的事件傳到上層元件，我們接下來實作 handleClick 函數。

```
import { createEventDispatcher } from 'svelte';
const dispatch = createEventDispatcher();
let sorting = 'none';

function handleClick() {
    if (sortable) {
        if (sorting === 'none') {
            sorting = 'asc'
        } else if (sorting === 'asc') {
            sorting = 'desc';
        } else {
            sorting = 'none';
        }
    }

    dispatch('sort', {
        sorting,
        field,
    })
}
```

在 TheadColumn.svelte 當中並沒有直接排序資料，而是透過 Svelte 的客製化事件將排序被按下的事件傳給上一層元件處理，這樣一來就不必寫死實作在此元件裡頭。

接下來繼續實作 Table 元件。

實作 tbody 展示資料

加入 tbody 展示資料的部分。

```
<tbody>
    {#each dataCopy as d (d.no)}
    <tr>
      {#each Object.keys(config) as c (c)}
        {#if config[c].formatter}
          <td>{@html config[c].formatter(d)}</td>
        {:else if config[c].component}
          <td>
            <svelte:component this={config[c].component} data={d} />
          </td>
        {:else if config[c].accessor}
          <td>{config[c].accessor(d)}</td>
        {:else}
          <td>{d[c]}</td>
        {/if}
      {/each}
    </tr>
    {/each}
</tbody>
```

tr 裡頭有比較多條件式看起來比較雜亂，我們可以根據條件式一一分析：

■ 首先呼叫 **Object.keys** 來遍歷所有 **config** 的屬性

■ 每個屬性裡都會包含一個設定檔物件

例如範例程式碼當中，config 的設定為

```
let config = {
  name: {
    name: "魚名",
    formatter: (d) => `<strong>${d.name}</strong>`,
    align: "left",
  },
  ...
};
```

- 如果有 **formatter** 屬性，則將當前資料當作參數傳入

- 如果有 **component** 屬性，使用 **<svelte:component>** 動態渲染元件
  並將 **data** 當作屬性傳入

透過 <svelte:component>，我們讓表格資料的展示變得更加彈性，開發者可以自行實作元件來展示資料。

≫ 實作排序功能

接下來我們需要監聽在 TheadColumn.svelte 傳出來的 sort 事件並排序資料。由於此屬性實作在 Thead.svelte 當中，因此在 Thead 傳入 onSort 並實作 handleSort 函數。

```
<script>
  let dataCopy = [...data];
  const handleSort = (e) => {
    const comparator = config[e.detail.field].comparator;
    if (comparator) {
      if (e.detail.sorting === 'asc') {
        dataCopy = dataCopy.sort(comparator);
      } else if (e.detail.sorting === 'desc') {
        dataCopy = dataCopy.sort((a, b) => comparator(b, a));
      } else {
        dataCopy = [...data];
      }
```

```
  }
 };
</script>
```

我們直接將 comparator 函數傳入 Array.prototype.sort 當中做排序。在這邊使用了 dataCopy 變數將原始資料集複製到此變數裡，原因是因為 Array.prototype.sort 是原地排序的，所以會改變資料陣列的順序。因此為了保留原始資料的順序，我們將資料複製一份到其他變數儲存。

無障礙功能實作

大部分的螢幕閱讀器對表格的支援度相當良好，不過我們還是可以加入一些功能讓表格資訊更加完整。

≫ 加入 caption

caption 被用來加入在表格，用來表示表格的標題。跟標頭不同，表格的標題（caption）是描述整個表格的用途，而標頭（thead）則是描述各個欄位的用途。

caption 可以根據 CSS 的屬性 caption-side[8] 來決定標題應該放在上面還是下面。更重要的是，螢幕閱讀器也會根據 caption 閱讀表格的標題。

在 Table.svelte 當中加入 caption

```
<table>
  <caption>
    <slot>
      <h2>表格標題</h2>
    </slot>
  </caption>
    ...
</table>
```

---

8 https://developer.mozilla.org/en-US/docs/Web/CSS/caption-side

這邊使用 slot，因此 caption 的內容可以由開發者來實作，甚至可以傳入 Svelte 元件當作 caption 表示。不過如果 caption 並非純文字的話，建議加上 aria-label 或是 aria-labelledby 讓螢幕閱讀器讀出表格標題。

≫ 加入 aria-sort

因為涉及排序功能，我們可以加入 aria-sort 在標頭中指示目前的表格排序是升序還是降序。aria-sort 可以接收四個值：

- **ascending**：目前排序為升序
- **descending**：目前排序為降序
- **none**：沒有任何排序
- **other**：使用非升序或非降序的方法排序

到 TheadColumn 加入 aria-sort

```
<script>
function handleClick() {
    if (sortable) {
        if (sorting === 'none') {
            sorting = 'asc'
        } else if (sorting === 'asc') {
            sorting = 'desc';
        } else {
            sorting = 'none';
        }
    }

    dispatch('sort', {
        sorting,
        field,
    })
}
```

```
</script>
<th
  class:sortable
  aria-sort={getSorting()}
>…</th>
```

這樣一來每次改變排序時，aria-sort 也會改變為對應的升降序文字，螢幕閱讀器就能提示當前資料的升降序為何了！

本章節程式碼連結位於 4-6 表格。

本範例使用了動物之森的魚類售價當作資料集。

動物之森 - 魚類列表				
魚名	價格 排序：無	1.5 倍價格	出現地點	客製化欄位
紅目鯽	NT$900.00	1350	河川	• 900 元
溪哥	NT$200.00	300	河川	• 200 元
鯽魚	NT$160.00	240	河川	• 160 元
珠星三塊魚	NT$240.00	360	河川	• 240 元
鯉魚	NT$300.00	450	池塘	• 300 元
錦鯉	NT$4,000.00	6000	池塘	• 4000 元
金魚	NT$1,300.00	1950	池塘	• 1300 元
龍睛金魚	NT$1,300.00	1950	池塘	• 1300 元
稻田魚	NT$300.00	450	池塘	• 300 元
淡水龍蝦	NT$200.00	300	池塘	• 200 元
擬鱷龜	NT$5,000.00	7500	河川	• 5000 元

圖 4-5　Svelte 可排序的表格實作

4-7 下拉式組合方塊（Combo Box）

通常會在有許多選項需要使用者選取時使用。在 HTML 裡也可以直接搭配 input 與 datalist 完成：

```
<input list="countryList" name="country" id="country">

<datalist id="countryList">
  <option value="Taiwan">
  <option value="Thailand">
  <option value="America">
</datalist>
```

只要透過 list 與 id 做關聯，在輸入框輸入文字時就會自動產生建議選項提供使用者選取。

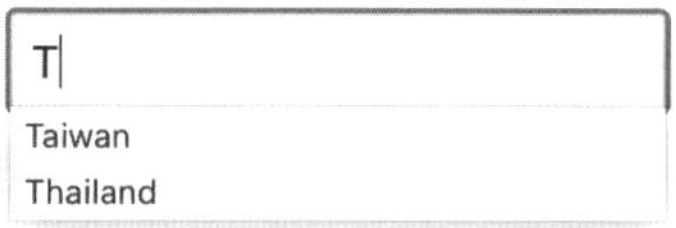

圖 4-6 瀏覽器預設下拉式方塊樣式（Firefox）

當使用者輸入 T 時，瀏覽器會自動在 datalist 當中尋找是否有對應的選項並列出在下拉選單供使用者選取，以本範例來說同樣都是 T 開頭的 Taiwan 與 Thailand 都出現在下拉式選單中。

不過瀏覽器的樣式不一，或是希望有更多客製化的功能與呈現時，可能需要由開發者自行實作。

本章節會以台灣鄉鎮地區資料為例，實作一個客製化的組合式下拉方塊。

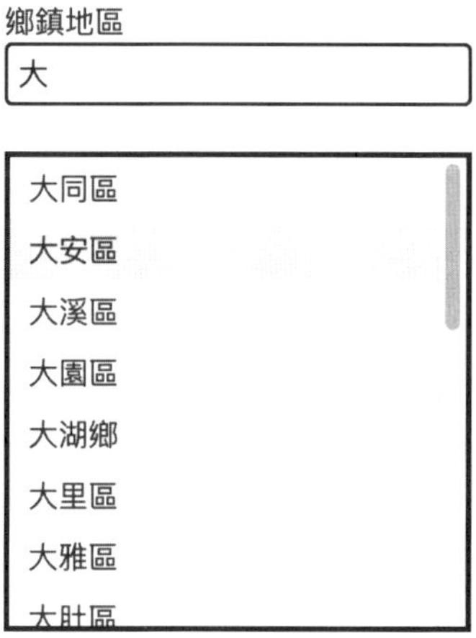

圖 4-7 客製化下拉式組合方塊選單

功能簡介

- 可以輸入部分文字做匹配（輸入大出現大安區、大雅區等）
- 可以點擊下拉選單選項改變輸入值
- 可使用鍵盤導航選單中的選項

實作重點

≫ 元件實作

首先先實作可監聽輸入框的值並過濾鄉鎮列表資料。

```
<input
  placeholder=" 請輸入鄉鎮資料 "
  type="text"
  bind:value
/>

<div>
  <ul>
    {#each filtered as d, i (d)}
      <li>{d}</li>
    {/each}
  </ul>
</div>
```

由於我們只需要監聽輸入框的值並更新過濾的列表，因此直接使用 Svelte 的 bind 綁定功能綁定 input 值。

接下來實作 filtered 變數，由於 filtered 需要根據輸入框值做改變，因此可使用響應式功能 $: 來實作。

```
<script>
  …
$: filtered = data.filter(d => d.includes(value));
  …
</script>
```

≫ 加入 blur 與 focus 控制

只有在 輸入框正在輸入時才顯示選單 UI，所以我們先加入 onFocus 與 onBlur 事件，並使用變數 status 控制，讓列表只在 focus 時顯示，在 blur 時隱藏。

```
<script>
  let status = 'blur'
</script>
<input
  bind:value={value}
  on:focus={() => status = 'focus'}
  on:blur={() => status = 'blur'}
/>

{#if status === "focus" && filtered.length > 0}
  <ul>
    {#each filtered as d, i (d)}
      <li>{d}</li>
    {/each}
  </ul>
{:else if filtered.length === 0}
  <span>沒有選項哦！！</span>
{/if}
```

如果列表陣列長度為零，也就是找不到關鍵字的話也會隱藏下拉式選單。

≫ 加入滑鼠點擊控制

在 hover 時，列表的選項需要被 highlight，讓使用者知道選中的選項為何；使用者點擊下拉選單當中的選項，需要將輸入框中的值替換為點擊的選項並關閉列表。

圖 4-8

```
<input
  type="text"
    on:focus={() => status = 'focus'}
  on:blur={() => status = 'blur'}
    bind:value={value}
>
{#if status === 'focus' && filtered.length > 0}
  <ul>
    {#each filtered as d, i (d)}
      <li
        class:selected={selected === i}
          on:mousedown={() => value = d}
        >{d}</li>
    {/each}
  </ul>
{:else if filtered.length === 0}
    <span>沒有選項哦！！</span>
{/if}
```

hover 的效果可以直接使用 CSS 達成，比較需要注意的地方在於我們使用了 mousedown 而非 click 實作點擊功能。

由於我們在輸入框當中加入了 blur 事件監聽器，因此當滑鼠點擊了下拉式選單的選項後，原本聚焦在輸入框的焦點就會因為此行為觸發 blur 事件。

由於 click 事件產生的順序會比 blur 來得晚，因此按照程式的實作，列表的 UI 會因為條件式的關係從 DOM 上移除，click 事件也就不會觸發。

以本程式為例，事件觸發的順序分別為：

```
li mousedown → input blur → li mouseup → li click
```

為了避免此狀況，我們採用比 blur 更早發生的 mousedown 事件來實作點擊後的效果。

≫ 鍵盤導航

為了讓使用者手不用離開鍵盤，方向鍵導航是實作下拉式組合方塊時非常重要的功能之一。我們將 keydown 監聽器放在輸入框中，因為只有在輸入框 focus 時想要啟用鍵盤導航。

鍵盤導航的功能通常會有：

■ **ESC**：關閉下拉式選單並 blur 輸入框

■ **Enter**：將選中的選項套入至輸入框

■ **方向鍵上**：選至前一個選項，如果為第一個則跳至最後一個選項

■ **方向鍵下**：選至下一個選項，如果為最後一個選項則跳至第一個選項

```
function handleKeyDown(e) {
    switch (e.key) {
        case 'Escape':
            // 關閉下拉式選單並 blur 輸入框
            break;
        case 'Enter':
            // 將選中的選項套入至輸入框
            break;
        case 'ArrowUp':
            // 選至前一個選項，如果為第一個則跳至最後一個選項
            if (selected !== -1) {
                selected = (selected - 1) % filtered.length
            } else {
                selected = filtered.length - 1
            }
            ...
            break;
        case 'ArrowDown':
            // 選至下一個選項，如果為最後一個選項則跳至第一個選項
            if (selected !== -1) {
                selected = (selected + 1) % filtered.length
```

```
        } else {
          selected = 0
        }
      break;
    }
}
```

不過這樣的實作有個問題，每次導航到最下方或最上方繼續按方向鍵，會發現列表並沒有滾動到選中的選項，而是跑出可見視窗了。這對使用者來說是相當不方便的操作體驗。

圖 4-9　移動到最下面時南港區有一半被截掉了

這是因為瀏覽器並不會自動滾動視窗到當前選中的選項，開發者需要自行實作。幸好，在瀏覽器當中可以呼叫 scrollIntoView[9] 控制視窗滾動使節點在視窗裡。因此開發者只要在鍵盤導航時發現選項被遮住時呼叫 scrollIntoView 即可。

9　https://developer.mozilla.org/en-US/docs/Web/API/Element/scrollIntoView

那麼我們應該如何判斷選項是否被遮住了呢？可以分為方向鍵下與方向鍵上。

≫ 方向鍵下

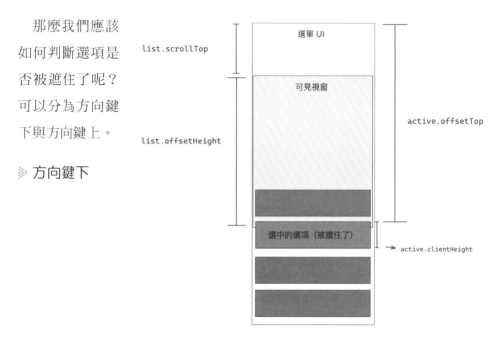

圖 4-10 視窗與節點位置計算

在圖 4-8 中，要判斷選項是否超出可見視窗，可以計算 active.offetTop + active.clientHeight 是否大於選單的 scrollTop + offsetHeight，如果結果是大於的話，代表選中選項的位置已經高於整個可見視窗了，所以需要呼叫 scrollIntoView 做調整。

將剛剛所說的判斷加入方向鍵上的實作：

```
...
await tick()
if (list) {
    const active = list.querySelector('[data-selected="true"]')
    if (active) {
        if (selected === 0) {
            list.scrollTop = 0;
            return
        }
```

```
    // 判斷是否被遮住
    if (active.offsetTop + active.clientHeight > list.scrollTop +
list.offsetHeight) {
        active.scrollIntoView();
    }
  }
}
```

這邊使用 tick 的原因在於方向鍵上按下時，首先會改變 selected，再來才是觸發 DOM 更新，因此如果沒有呼叫 tick 的話 **active** 節點會是尚未更新到畫面的 **DOM** 屬性，造成整個實作不正確。

呼叫 tick 時會回傳一個 promise，當 promise 被解決時，代表畫面已經更新完成，此時的 DOM 才是最新的。

≫ 方向鍵上

方向鍵上的判斷比較簡單，只要判斷當前節點的 offsetTop 是否小於 list.scrollTop 即可。

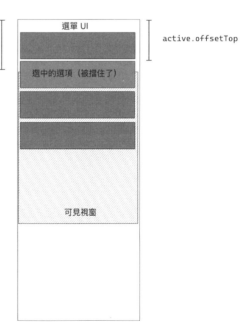

圖 4-11 方向鍵向上的判斷

```
await tick()
if (list) {
  const active = list.querySelector('[data-selected="true"]')
  if (active) {
    if (selected === filtered.length - 1) {
      list.scrollTop = active.offsetTop
      return
    }
    // 判斷是否被遮住
    if (active.offsetTop < list.scrollTop) {
      active.scrollIntoView();
    }
  }
}
```

可以發現實作上與方向鍵下類似，只有是否被遮住的判斷不一樣而已。

無障礙功能實作

客製化下拉式選單時需要特別注意無障礙功能實作，因為客製化 UI 並沒有瀏覽器的原生支援，因此所有無障礙功能都必須由開發者完成。

下拉式組合方塊的無障礙功能包含：

- 使用 role="combobox" 讓螢幕閱讀器辨識

- 使用 aria-autocomplete=listbox 代表自動補全會以 listbox 的方式完成

- 使用 aria-controls 讓輸入框對應到選項列表 id

- 使用 aria-expanded 表示目前是否有下拉式選單顯示

- 使用 aria-activedescendant 表示目前選擇的選項

- 使用 aria-setsize 表示下拉式選單中共有幾個選項

■ 使用 **aria-posinset** 表示目前的選項是第幾個（由 **1** 開始計算而非 **0**）

大部分的實作，我們只需要將變數傳入對應的 WAI-ARIA 即可。

```
<input
    placeholder=" 請選取鄉鎮地區 "
    id="combobox-1"
    role="combobox"
    aria-autocomplete="listbox"
    aria-controls="listbox-1"
    aria-expanded={status === 'focus'}
    aria-activedescendant={selected !== -1 ? `listbox-1-option-
${selected}` : null}
    bind:this={input}
    on:keydown={handleKeyDown}
    required
    bind:value={value}
    type="text"
    on:focus={() => status = 'focus'}
    on:blur={() => status = 'blur'}
/>
```

接下來是幫下拉式選單加入對應的 WAI-ARIA 標籤：

```
<ul bind:this={list} id="listbox-1" role="listbox" tabindex={-1}>
    {#each filtered as d, i (d)}
        <li
            id="listbox-1-option-{i}"
            aria-setsize={filtered.length}
            aria-posinset={i + 1}
            data-selected={selected === i}
            class:selected={selected === i}
            on:mousedown={() => value = d}
        >{d}</li>
```

```
    {/each}
</ul>
```

這樣一來整個下拉式組合方塊的 UI 就完成了！

本章節程式碼連結位於 4-7 下拉式組合方塊。

4-8 音樂播放器

音樂播放器是前端互動中時常見到的 UI 之一，裏頭涵蓋了許多互動可供參考，因此本章節會透過 Svelte 實作一個音樂播放器的介面，說明在前端當中可以注意的地方。

功能簡介

本章節著重在音樂播放器的功能實現，因此不會處理如音樂串流等與網路及解碼相關的功能。主要會實現的功能如下：

- 播放、暫停功能
- 調整音量、播放進度條
- 提供快捷鍵操作
- 顯示樂曲時間、目前時間

實作重點

≫ 元件實作

首先先加入最基本的 UI 與 HTML：

```
<div class="player-container" tabindex={0}>
  <div class="song-info">
```

```
<img src={song.coverURL} alt="{song.name} 的專輯封面 " />
<div>
  <h4>
    {song.name}
  </h4>
  <p>
    {song.author}
  </p>
</div>
</div>
<div class="buttons">
  <button type="button"> 上一首 </button>
  <button type="button" on:click={(e) => (paused = !paused)}>
    {paused ? " 播放 " : " 暫停 "}
  </button>
  <button type="button"> 下一首 </button>
</div>
<div class="volume">
  <Slider
    max={1}
    min={0}
    step={0.01}
    current={volume}
    on:change={(e) => (volume = e.detail.value)}
  />
</div>
</div>
```

為了讓 UI 更豐富一些，實作時加入了專輯封面、歌曲名稱、作者名稱一併顯示在畫面上。

≫ 播放進度條與調整音量條

仔細觀察 UI 可以發現，播放進度條與調整音量條都具有滑桿的行為，因此我們可以沿用 4-5 的元件來實作。

```
{#if duration}
  <Slider
    max={duration}
    min={0}
    step={duration / 200}
    current={currentTime}
    {valueText}
    on:change={(e) => (currentTime = e.detail.value)}
  />
  <span>{format(currentTime)} / {format(duration)}</span>
{/if}
<div class="volume">
  <Slider
    max={1}
    min={0}
    step={0.01}
    current={volume}
    on:change={(e) => (volume = e.detail.value)}
  />
</div>
```

　　由於滑桿的元件設計當中，可以自由傳入最大、最小、當前值，並透過監聽客製化事件的方式將實作交給外部元件，滑桿元件就可以盡可能地套用在其他場景當中，且不用修改內部實作。

》綁定多媒體屬性到變數（ Svelte 在編譯時會自動加入監聽器 ）

　　透過 Svelte 的綁定功能 0，我們直接獲得樂曲長度、目前播放進度、暫停狀態、音量大小並套用到變數當中，而不需要另外綁定監聽器。

```
<audio
  src={song.src}
  bind:duration={duration}
```

```
    bind:currentTime={currenttime}
    bind:muted={muted}
    bind:paused={paused}
    bind:volume={volume}
/>
```

Svelte 會自動更新如 duration、currentTime 等會隨著播放進度變化的屬性
到變數當中。

≫ 鍵盤導航

在實作音樂播放器時，使用者通常會使用方向鍵與空白鍵控制播放狀態，
像是按下空白鍵後暫停、播放音樂；按下方向鍵右快進五秒、按下方向鍵左
後退五秒等功能。

為了更容易實作鍵盤導航功能，本章節會透過 Svelte 的 action 功能實作。

```
export default function keyboard(node, params) {
    // params.shortcut
    function handleKeyDown(e) {
        Object.keys(params.shortcut)
            .forEach(key => {
                if (e.code === key) {
                    if (Array.isArray(params.shortcut[key])) {
                        params.shortcut[key].forEach(fn => fn(e));
                    } else {
                        params.shortcut[key](e);
                    }
                }
            })
    }

    node.addEventListener('keydown', handleKeyDown);

    return {
```

```
        destroy() {
            node.removeEventListener('keydown', handleKeyDown);
        }
    }
}
```

keyboard 函數為 Svelte action 需要的參數。當元件掛載時會呼叫函數。這個函數會加入 keydown 事件監聽器，並依照傳入的 params 來做快捷鍵的綁定。

```
const shortcut = {
    'ArrowUp': () => volume += 0.05,
    'ArrowDown': () => volume -= 0.05,
    'ArrowLeft': () => currentTime -= 5,
    'ArrowRight': () => currentTime += 5,
    'Space': () => paused = !paused,
    'KeyP': () => paused = true,
    'KeyM': () => muted = !muted,
};
```

開發者可以在外部元件透過傳入參數的方式自行定義快捷鍵與對應的函數。在本實作當中：

- **方向鍵上**：將音量調大 0.05

- **方向鍵下**：將音量調小 0.05

- **方向鍵左**：播放進度後退 5 秒

- **方向鍵右**：播放進度快進 5 秒

- **空白鍵**：播放或暫停

- **P**：暫停

- **M**：靜音或解除靜音

元件銷毀時，Svelte action 會呼叫回傳的函數，因此我們在回傳的函數當中將 keypress 事件移除，避免非預期的結果。

接下來就可以把此函數套用到 use 描述符當中。

```
<div use:keyboard={{shortcut}} class="player-container" tabindex={0}>
```

為確保使用者可與音樂播放器互動，在這邊加入的 tabindex 讓瀏覽器可以聚焦此元素。當 UI 聚焦時，使用者可以透過鍵盤導航與 UI 互動。

圖 4-12　音樂播放器 UI

≫ 在滑桿 UI 加入 aria-valuetext

為了讓螢幕閱讀器更詳細地讀出播放進度，我們稍加修改滑桿元件的實作，加入 aria-valuetext，讓播放進度的數字更容易被理解。

```
<script>
    ...
  export let valuetext;
</script>

<div
    ...
    aria-valuetext={valuetext}
>
  ...
</div>
```

在滑桿元件當中加入新的屬性 valuetext，並且將此屬性加入到 aria-valuetext 當中。螢幕閱讀器會將 aria-valuetext 的文字讀出。

最後將想要讀出的文字加入到目前實作中：

```
<script>
    ...
    $: valueText = `目前播放進度 ${Math.round(currentTime)} 秒，共
${Math.round(duration)} 秒`
</script>

<Slider
    ...
  valueText={valueText}
/>
```

因為播放進度會一直更新，所以透過 $ 響應式語法讓 Svelte 能夠不斷更新 valueText 並傳入滑桿當中。這樣一來螢幕閱讀器就能更精準地唸出播放進度的文字。

其他實作細節

除了剛剛提到的功能之外，最近耳機的整合也越來越豐富，例如在用 Airpod 或使用其他耳機時可以點擊耳機兩下代表停止或是播放下一首。

現在瀏覽器也有做相關整合，透過 MediaSession API[10]，可以接收耳機傳入的行為並做出反應。

```
onMount(() => {
  navigator.mediaSession.setActionHandler("play", () => {
    paused = false;
  });
  navigator.mediaSession.setActionHandler("pause", () => (paused = true));

  return () => {
    navigator.mediaSession.setActionHandler("play", null);
    navigator.mediaSession.setActionHandler("pause", null);
  };
});
```

在 onMount 當中呼叫 setActionHandler 註冊由外部設備傳來的信號。本章節範例只實作了 play 與 pause 兩個事件，其他的事件類型可在 MDN 文件上查看[11]。

這樣一來，當使用者使用無線耳機做操作時，也可以讓瀏覽器接收到信號並做出對應的操作了。作業系統也時常會與多媒體的控制做整合，例如透過鍵盤上的音量調整鍵或播放鍵，或是與作業系統內建的迷你播放器連動。

10　https://developer.mozilla.org/en-US/docs/Web/API/MediaSession
11　https://developer.mozilla.org/en-US/docs/Web/API/MediaSession/setActionHandler

圖 4-13 Windows 上的迷你播放器　　　圖 4-14 Mac 上的迷你播放器

傳入迷你播放器的曲目、作者、歌名等訊息，可以透過定義 MediaSession 的 metadata 屬性決定。

```
onMount(() => {
    navigator.mediaSession.metadata = new MediaMetadata({
        title: song.name + '(cover)',
        artist: song.author,
        artwork: [
            { src: song.coverURL,  sizes: '96x96',  type: 'image/png' },
        ]
    });
    ...
}
```

這樣一來，瀏覽器上的音樂播放器 UI 就可以盡可能地與原生作業系統以及耳機連動，達到更好的使用體驗。

本章節程式碼連結位於 **4-8** 音樂播放器。

4-9　通知佇列

通知佇列一般會使用在非同步的操作完成後，用來通知使用者的手段。使用的場景包含：

- 完成貼文並投稿時
- 完成上傳檔案、照片時
- 加入好友通知時
- 追蹤者的貼文
- 其他需要通知使用者的時機

圖 4-15　Twitter 在推文成功時會使用此 UI 通知使用者

功能簡介

- UI 實作
- 可顯示標題與說明在右上角
- 有關閉按鈕
- 使用者可透過鍵盤關閉通知 UI

實作重點

▷ store 設計

考量到通常通知佇列 UI 都是作用在整個應用當中，使用 Svelte 的 store API 方便讓其他元件可以存取。簡單的實作可以以一個陣列當作儲存方式，每次有新的通知訊息時就放入陣列當中。

實作中可包含下列幾個訊息：

- id：可透過程式隨機產生，當關閉按鈕點擊時可透過此 id 找到對應的通知 UI

- **title**：標題

- **description**：描述

- **timeout**：通知 UI 的顯示時間

- **onClose**：當關閉按鈕被按下時要如何處理

```
export const notifications = writable([]);

export const add = (notification) => {
    const id = notification.id;

    notifications.update(nos => nos.concat([notification]));

    setTimeout(() => {
        notifications.update(nos => nos.filter(n => n.id !== id));
    }, notification.timeout || 5000);
}

export const dismiss = (id) => {
    if (id) {
        notifications.update(nos => nos.filter(n => n.id !== id));
    } else {
        notifications.update(nos => {
            nos.shift()
            return nos
        });
    }
}
```

　程式碼當中使用了 writable store 來儲存通知，實作了兩個方法 add 與
dismiss 給外部元件呼叫。

元件實作

Notification.svelte

```
{#each $notifications as notification (notification.id)}
<div class="notification" transition:fly={{x: 100}}
animate:flip={{duration: 250}}>
  <div class="head">
    <h4>
      {notification.title}
    </h4>
    <button on:click={() => notification.onClose(notification.id)}
bclass="close" type="button" aria-label="關閉通知 - {notification.
title}">
      <span aria-hidden={true}>&#10006;</span>
    </button>
  </div>
  <p>{notification.description}</p>
{/each}
```

　程式碼的實作可以接受多個通知訊息同時存在，在經過一段時間後會自動消失。

　為了讓堆疊的通知佇列有更流暢的動畫效果，本程式碼整合了 fly 動畫與 Svelte 的 FLIP 功能，在 UI 出現或消失時，會有整體向上做動畫的效果，而非直接消失。

無障礙功能實作

　一般像是通知這種臨時出現的訊息，螢幕閱讀器並不會特別念出。

　如果要讓使用螢幕閱讀器的使用者知道這件事情的話必須用其他方式處理，在這邊我們用 live regions 的方式即時通知使用者螢幕上的變化：

```
{#if $notifications[0]}
<p aria-live="polite">
  {$notifications.slice(-1)[0].description}
</p>
{/if}
```

　　給定 aria-live 之後，螢幕閱讀器會將這個區域認定為 live region，只要裡頭的內容有變化的話就會重新念一遍內容，讓使用者知道。

　　p 標籤裡頭的內容，是為了讓螢幕閱讀器接收變化而實作的，因此不需要給直接目視螢幕閱讀訊息的使用者知道。

　　在 CSS 當中可以使用 visibility: hidden 來隱藏 UI。不使用 display: none 的原因在於螢幕閱讀器會自動省略任何 display: none 的元素以及其子元素。

　　開發者也可使用瀏覽器提供的通知功能 [12] 實作，此方式需要作業系統的權限許可。

　　本章節程式碼連結位於 **4-9 通知佇列**。

4-10　Tooltip

　　Tooltip 在 UI 呈現上有許多方式，本章節實作的範例以一個 UI 當作觸發，並以一個訊息視窗當作詳細內容顯示實作。

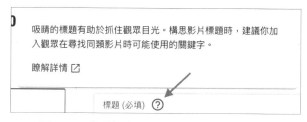

圖 4-16　當游標移至問號圖示時會顯示詳細說明（**YouTube**）

12　https://developer.mozilla.org/zh-TW/docs/Web/API/Notifications_API

一般實作的場景是對某
個文案、名詞等做更詳細
的說明，但是在一般情況
下不會顯示。

圖 4 17　游標在圖示上時會顯示詳細用途
（Slack App）

功能簡介

- 使用者可透過圖示或其他方式觸發詳細說明

- 詳細說明框會根據圖示位置顯示

- 可透過鍵盤觸發詳細顯示

≫ 元件實作

Tooltip 主要以觸發元素以及詳細顯示元素兩個部分組成，為了讓設計更有彈性，可以使用 Svelte slot 的功能讓詳細顯示的元素由外部元件實作。

```
<div class="tooltip">
    <button
    on:click={() => active = true }
    on:mouseenter={handleMouseEnter}
    on:mouseleave={handleMouseLeave}
  >
      ?
    </button>
    <div id="{id}">
    {#if active}
      <div>
        <slot>

        </slot>
```

```
      </div>
    {/if}
  </div>
</div>
```

　　為了控制詳細說明的顯示狀態，使用了 active 變數來決定是否顯示。在滑鼠被點擊，或是游標移到按鈕上時都會將 active 設為 true 顯示詳細說明。

≫ 實作 mouseenter 事件監聽器

　　當滑鼠移到問號按鈕上時顯示詳細說明的 UI。

```
function handleMouseEnter() {
    active = true;
}
```

　　上面的程式碼雖然能夠達成效果，不過每次游標移動到問號上就直接顯示 UI，很容易發生誤觸的情形。

　　使用者很可能只是想移動滑鼠，但滑鼠移動的軌跡經過問號時，也會讓詳細 UI 一併顯示。

　　為了確定使用者的意圖為打開詳細顯示，可以加入一個 timeout 計時器，當滑鼠在問號按鈕上停留一定時間後再顯示 UI。

```
let enterTrigger;
let leaveTrigger;

function handleMouseEnter() {
    enterTrigger = setTimeout(() => {
      active = true;
    }, timeout);
}
```

```
function handleMouseLeave() {
    if (enterTrigger) {
        clearTimeout(enterTrigger);
        enterTrigger = null;
    }
    leaveTrigger = setTimeout(() => {
        active = false;
    }, timeout)
}
```

當滑鼠移到按鈕時會觸發 mouseenter 事件，經過了 timeout 毫秒之後才會顯示。在這段時間內如果滑鼠游標離開了按鈕，則 mouseleave 事件會被觸發，計時器也會被清除。

無障礙功能實作

除了使用滑鼠操作之外，我們也必須提供鍵盤導航來觸發詳細說明的 UI，瀏覽器的 button 標籤本來就內建無障礙功能，可用鍵盤導航與 Enter 來觸發 onclick 事件，因此只要與目前實作整合，並加上 ESC 關閉 tooltip 的處理即可。

另外，在 WAI-ARIA 當中，可以使用 role=tooltip 告訴螢幕閱讀器以 tooltip 的方式處理，並使用 aria-labelledby 等方式來建立關聯。

- 加入 **keydown** 事件監聽器監聽 **ESC** 關閉 **tooltip**
- 加入 **role=tooltip**
- 使用 **aria-labelledby** 讓按鈕與詳細說明 **UI** 產生關聯

≫ 監聽 ESC 關閉 tooltip

```
<script>
    ...
    function handleKeydown(e) {
```

```
      if (e.key === 'Escape') {
        active = false;
        e.target.blur();
      }
    }
</script>
<button
    ...
    on:keydown={handleKeydown}
>
    ?
</button>
```

這樣一來當使用者使用鍵盤導航到 button 並按下 Enter 時，click 事件會觸發顯示 tooltip，在使用者按下 ESC 時關閉 tooltip 並解除聚焦。

≫ 加入 WAI-ARIA

```
<button
    aria-describedby="{active ? id : null}"
    type="button"
    on:click={() => active = true}
    on:keydown={handleKeydown}
    ...
>
    ?
</button>

<div
    aria-hidden={!active}
    aria-label="{label}"
    id="{id}"
    role="tooltip"
>...</div>
```

使用 aria-labelledby 在 button 標籤上，會讓螢幕閱讀器在閱讀此元素時到 id 匹配的元素中尋找 aria-label 內容或是元素內容。透過此種方式可以讓螢幕閱讀器的使用者也能夠掌握 tooltip 的內容。

Tooltip UI

標題 ⑦

標題可以讓你的文章變得更出色！請思考一個優秀的標題！點擊查看教學

圖 4-18 Tooltip UI

Tooltip 對於無障礙功能來說，其實並不是一個體驗良好的 UI 設計。因為使用者需要做額外的互動才能掌握 tooltip 中的內容。本章節為了提高設計彈性並展示 Svelte 功能，使用了 slot 實作，能夠接收非純文字的元件。但一般的 tooltip 設計時建議以純文字為主，讓螢幕閱讀器能夠透過 aria-label 讀出內容。因此在考慮使用 tooltip 之前，不妨先考慮是否能以其他 UI 代替吧！

本章節程式碼連結位於 **4-10 Tooltip**。

Note

Chapter

5 伺服器渲染 – SvelteKit

5-1 什麼是 SvelteKit

SvelteKit 是一個用來建立高效能的 Svelte 網頁框架，除了基本的 SSR 之外，SvelteKit 還有整合路由、code-splitting、prerender 等在現代網頁開發當中不可或缺的功能。

SvelteKit 使用 vite[1] 當作建構工具，與其他建構工具最顯著的區別在於 vite 提供了原生的 ES Module 支援，當開發者更改原始碼時，vite 可以相當快的速度做到即時更新（Hot Module Replacement，簡稱 HMR），大幅增加開發者的開發效率與體驗。

如果對 Svelte 已經有一定程度的掌握，學習 SvelteKit 並不會花太多時間，大多數需要理解的地方在於如何設定以及熟悉 SvelteKit 的開發手法。

在 SvelteKit 之前官方使用 Sapper 來建構 Svelte 網頁應用，不過官方目前宣佈會將開發主力放在 SvelteKit 上，因此本書主要以講解 SvelteKit 為主。

由於 SvelteKit 尚處於早期開發階段，許多功能還在開發當中，本書盡可能介紹重要的內容，詳細的使用方法可參考官方文件[2]。

Hot Module Replacement 對開發的好處

模組打包工具通常會在開發者更新程式碼時自動更新頁面，最常見的方式就是在程式碼有更新時自動重整頁面。不過對於單頁式應用來說，每次整理頁面時都會重設元件當中的狀態，開發者就需要從頭調整元件狀態。

透過 Hot Module Replacement 的幫助，開發者更新程式碼時可以讓頁面保持原本的狀態，讓模組打包工具計算有差異的程式碼，把需要更新的部分即

---

1 https://vitejs.dev/guide/
2 https://kit.svelte.dev/docs

時替換掉。這樣一來開發者不僅可以保持元件原有的狀態，還不需要重新整理頁面，大幅加快了開發的節奏。

5-2 前端頁面產生方式：SSR、CSR、SSG

在現代前端開發當中，依照 **HTML 生成、渲染的時機不同**可以分為三大種類：SSR、CSR、SSG。

SSR（Server-side rendering）

在台灣中文多以伺服器渲染，或不翻譯直接以原文 SSR 表示。

伺服器接收請求後通常會回傳 HTML 字串給瀏覽器，再由瀏覽器解析後渲染在畫面當中。**SSR 指得是網頁的內容全部都由伺服器端生成。**

實作 SSR 的重要原因是因為 HTML 字串能夠被搜尋引擎解析，可以有比較好的 SEO 表現，在網頁初次載入時使用者也不需要在瀏覽器端發送 API 獲取資料，因此也有比較好的效能。

另外，實作 SSR 的一大好處在於如果使用者沒有成功載入 JavaScript 或是在瀏覽器中關閉 JavaScript 功能，頁面也能夠正常顯示[3]。SvelteKit 預設會使用 SSR 渲染所有的頁面。

SSR 對於需要 SEO 以及效能的應用場景來說相當重要，例如部落格、新聞網站、電商應用等等，除了需要 SEO 幫助推廣產品以及文章之外，還需要盡可能確保在各個裝置當中都可以運行，以免流失潛在的客戶群。這時如果有 SSR 的幫助，就算使用者無法執行 JavaScript 程式碼，仍然可以在網站上瀏覽商品及文章。

---

3 實際應用中無法順利執行 JavaScript 程式碼的使用者比想像中的還多，可參考本篇文章 https://kryogenix.org/code/browser/everyonehasjs.html

不過使用 SSR 代表需要額外設置伺服器，可能需要額外的花費，如何調校伺服器的效能也是一門學問。

≫ 適合使用 SSR 的場景

SSR 適合在需要呈現資料給使用者的時候使用：

- **電商網站**：商品資訊可透過搜尋引擎 SEO 吸引消費者
- **部落格**：文章內容可透過搜尋引擎讓有興趣的讀者可透過關鍵字搜尋
- **新聞網站**：搭配 ld-json[4] 可以讓新聞文章在搜尋結果的顯示更容易觸及大眾

圖 5-1 透過 ld-json 讓搜尋引擎以不同樣式呈現

---

4 結構化資料，Google 能夠爬取 HTML 檔案中的結構化資料，並根據內容進行適當分類。

CSR（Client-side rendering）

在台灣中文多以客戶端渲染，或不翻譯直接以原文 SSR 表示。

透過瀏覽器當中提供的 DOM API，儘管 HTML 檔案當中沒有任何標籤，開發者仍然可以使用 JavaScript 程式碼從頭建構頁面。儘管 **HTML 檔案仍然是從伺服器端取得**，但透過客戶端 HTML 內容通常是空白或是不完整的。

透過 CSR 渲染頁面的 HTML 檔案通常長得像這樣子：

```
<!DOCTYPE html>
<html lang="zh-Hant">
<head>
    <meta charset="UTF-8">
    <meta http-equiv="X-UA-Compatible" content="IE=edge">
    <meta name="viewport" content="width=device-width, initial-
scale=1.0">
    <title>CSR</title>
</head>
<body>
    <div id="app"></div>
    <script src="./app.js"></script>
</body>
</html>
```

在 HTML 檔案當中只有一個空白的 div 標籤（或其他標籤），其餘的 UI 都是在 app.js 執行後才會出現。

因此對沒有開啟 JavaScript 的瀏覽器，或是搜尋引擎來說，它們能夠解析的內容就只有空白的 HTML 檔案。雖然 Google 聲稱能夠爬取部分動態的 JavaScript 程式碼內容，但對於 SEO 的效果仍然有限。

某些設備或閱讀器如 kindle，雖然有提供瀏覽網頁的功能，但通常不具備執行 JavaScript 的功能，對這類型的設備來說會顯示完全空白的 UI。

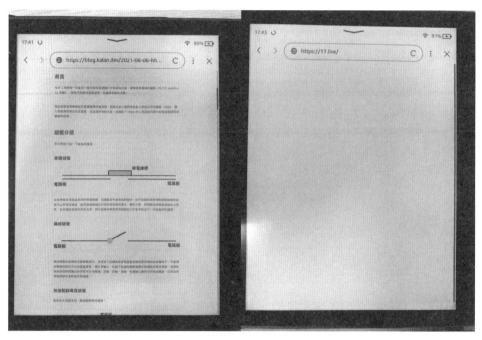

圖 5-2 透過 SSR 渲染的頁面在沒有 JavaScript 的環境中也能顯示內容（左半）；
只有 CSR 的頁面因為 JavaScript 無法執行，所以會顯示空白頁面（右半）

對於其他網路速度較慢的使用者來說，除了等待 HTML 檔案下載之外，還必須要等到 app.js 下載、解析、執行完成後才能看到整個 UI。因為資料通常都需要在前端取得，若資料比較大或是網路比較慢的話，通常使用者會先看到一個載入圖示的 UI，等到全部資料載入完成後才能看到結果。

在部分場景下，使用 CSR 會比花心思實作 SSR 來得有效益，例如應用本身包含大量互動（在瀏覽器端繪圖、檔案處理、即時通訊等），主要的內容以及功能不是由伺服器提供，或是需要登入才能夠做操作的情況下，通常實作 SSR 的效益有限。

≫ 適合使用 CSR 的場景

- **音樂、影片播放器**：需要大量 JavaScript 程式碼增強互動效果

- **公司後台頁面**：只有部分使用者會操作，且公司人員通常會在有 JavaScript 的環境中執行

- **純瀏覽器端的應用**：繪圖應用、線上檔案轉換

Prerender

在應用當中**部分頁面**可能會隨著時間、使用者、參數不同而產生不同的內容，例如使用者的個人頁面、文章，這些頁面通常會採取 SSR 的方式渲染。

同時，在應用當中也有部分不會更動內容的靜態頁面，例如介紹頁面、活動頁面等，這類型的頁面可以事先在建構時打包為靜態的 HTML，就不需要每次都使用伺服器的資源渲染。如果全部的頁面都是靜態的話，則可以在建構時期生成所有頁面，也就是 SSG（Static site generation）的生成方式。

Prerender 並不代表全部內容都必須要為靜態，可以透過伺服器渲染部分內容，再透過瀏覽器端呼叫 API 來取得資料，針對不同使用者客製化。

SvelteKit 支援將應用中的部分頁面設定為 prerender，開發者可自行決定哪些類型的頁面要使用 prerender，哪些頁面要使用 SSR。設定為 prerender 的頁面會在**建構時**產生 HTML 檔案。

≫ 適合 Prerendering 的場景

- 專案中同時包含動態與靜態內容

  - 例如部落格文章會根據 **id** 判斷要顯示的文章，但關於頁面的 **URL** 通常都是固定的

SSG（Static site generation）

如果專案當中**全部頁面**皆為靜態，可在建構時透過建構工具生成所有 HTML 以及其他靜態檔案，大幅減少伺服器需要的運算效能，甚至不需要架設伺服器，直接使用 CDN 加快檔案存取的時間。

SSG 理論上可以達到最快的回應速度,因為不需要使用伺服器的運算,內容也都已經在建構時期就已經填入完成,只需將 HTML 檔案內容回傳即可。

SvelteKit 當中可透過 adapter 設定是否要開啟 SSG 功能,5-10 當中有更多介紹。

	HTML 產生時機	是否需要 JavaScript 產生內容	渲染速度
SSR	伺服器	否	中
prerender	建構時(有啟用 prerender 的頁面)	否	快
CSR	瀏覽器 [5]	是	慢
SSG	建構時	否	快

5-3 SvelteKit 檔案系統基礎路由

SvelteKit 採用檔案系統基礎(file-system based router)的方式讓開發者設計路由,這代表開發者可以透過檔案的存放位置來定義路由。在預設的設定檔下,任何放在 src/routes 的檔案都會按照檔案系統的存放方式定義路由。

舉例來說,如果在 src/routes 下定義兩個檔案分別為 top/home.svelte 以及 top/campaign.svelte,那麼當使用者存取 /top/home 以及 /top/campaign 時,SvelteKit 就會渲染對應的元件到畫面上。

- **src/routes/top/home.svelte**:/top/home
- **src/routes/top/campaign.svelte**:/top/campaign

SvelteKit 中有兩種類型的路由,分別為 **pages** 與 **endpoints**。pages 通常指得是使用者能夠看到的頁面,更精確的來說是 Svelte 元件以及對應的 CSS 與 JavaScript。

5　使用 createElement 等 API

而 endpoints 則是指可以被呼叫的 API，**通常只會在伺服器端執行**，例如存取資料庫或是機密資料、交換不同客戶端的通訊時，在伺服器端與客戶端通常會採用 API 溝通。endpoints 預設的資料格式為 JSON，但也可以根據需求定義不同資料格式。

在 SvelteKit 的設定中，以 .svelte 為副檔名的檔案（可透過設定檔修改）且存放在 src/routes 底下時會被視為 pages；以 .js 或 .ts 為檔名的檔案，則會被視為 endpoints。

在本章節當中，任何路徑或副檔名會以預設設定檔為主，這包含：

- **Svelte 元件副檔名為 .svelte**

- **路由的設定檔在 src/routes 之下**

Pages

任何以 .svelte 為副檔名，且形式符合 Svelte 元件的話就可以當作 pages 使用。這些元件預設會以 SSR 渲染。首次請求時，伺服器會先會傳靜態的 HTML 字串以及對應的 JavaScript 檔案以及 CSS 檔案，之後再客戶端進行補水（hydrate）[6]，將互動的程式碼等等加入到 HTML 當中。

在命名上，只要是合法的檔案名稱都可以被當作路徑，**路徑可分為靜態與動態**。靜態路徑代表 URL 固定，使用者只能從固定的 URL 讀取頁面；動態路徑則代表使用者能夠改變路徑進而存取不同資料，最常見的應用是文章的 URL 通常為 /posts/${postId}，其中 postId 為可更動的部分，不同 postId 會存取到不同文章資料，但用來渲染的元件是相同的。

≫ 靜態路徑

舉例來說，當使用者存取以下路徑時分別渲染的元件為：

6　關於補水（hydrate）一詞，可參考 3-11。

- **/**：src/routes/index.svelte

- **/about**：src/routes/about/index.svelte

- **/home**：src/routes/home.svelte

- **/projects/myproject**：src/routes/projects/myproject.svelte

可以發現 SvelteKit 對於檔名為 index 的元件會另外做處理，存取根路徑會讓 SvelteKit 存取 index.svelte 元件。

≫ 動態路徑

除了靜態路徑之外，SvelteKit 也支援動態路徑，方便開發者動態存取路徑參數。在 SvelteKit 當中由 [] 包起來的檔名可以當作動態參數，參數名稱會以 [] 包起來的檔名定義。例如：

- **/posts/123 或 /posts/my-first-post**：src/routes/posts/[slug].svelte

- **/users/1 或 /users/2**：src/routes/users/[id].svelte

SvelteKit 會將參數存放在 page 變數當中，在 load 函數呼叫時傳入，關於 load 函數的說明，我們會在之後的章節提到。

Endpoints

任何以 .js 或 .ts 的當作副檔名，且格式符合 JavaScript 或 TypeScript 的話，就能夠被 SvelteKit 解析並當作 endpoints 執行。

其規則與 pages 完全相同，分為靜態與動態，按照檔案系統的存放位置決定路徑：

- **/src/routes/about.js**：/about

- **/src/routes/profile.js**：/profile

- **/src/routes/posts/[id].js**：/posts/1 或 /posts/2 等任何匹配的路徑

■ **/src/routes/index**：/

如果有同時存在同樣名稱的 pages 與 endpoints 的話怎麼辦？舉例來說，若 URL 同時匹配多個 pages 與 endpoints 如下：

■ **src/routes/posts/[id].svelte**

■ **src/routes/posts/about.svelte**

■ **src/routes/posts/[id].js**

在本例當中，如果使用 GET 請求存取 URL /posts/1 的話，SvelteKit 會先匹配 endpoints，也就是 .js 檔案，查看是否有對應的函數存在，如果有的話則會以 endpoints 為優先，否則會繼續匹配 [id].svelte 元件；如果使用 GET 請求存取 URL /posts/about，則會顯示 about.svelte 元件內容。

雖然在本例當中，/posts/about 也可以被解讀為匹配 about 為 id，但因為存在 about.svelte 元件，SvelteKit 會優先選擇最佳匹配的檔案，在本例中為 about.svelte 優先匹配。

pages 與 endpoints 最大的差別在於 endpoints 通常用於撰寫伺服器 API，為了讓撰寫的成本降低，不需另外引入 express 或其他 Web 應用程式架構，SvelteKit 提供了 endpoints 來撰寫 API。

我們可以將 endpoints 視為 API 實作，只會作用在伺服器當中，可存取資料庫、伺服器檔案等需要在伺服器上才能執行的功能；而 pages 在瀏覽器端或伺服器端都會執行。

	執行端	初始化函數	存取 node.js 模組
pages	伺服器與瀏覽器皆會執行	load	否
endpoints	伺服器端	在檔案中 export 與 HTTP 方法同名的函數	是

≫ 函數命名規則

在 endpoints 當中，JS 檔案必須要 export 一個或多個與 HTTP 方法同名的函數，讓 SvelteKit 知道當使用者以 GET、POST 或 DELETE 方法時需要呼叫的函數為何。

目前可以使用的函數名稱有：

- **get**：對應到 GET 方法

- **head**：對應到 HEAD 方法

- **post**：對應到 POST 方法

- **put**：對應到 PUT 方法

- **del**：對應到 DELETE 方法。此命名較特殊，因為在 JavaScript 當中 **delete 為保留字，不可當作函數名稱。**

- **options**：對應到 OPTIONS 方法

- **patch**：對應到 PATCH 方法

舉例來說，一個 endpoints 的函數如下：

```
export function get(params) {
    return {
      body: {
        content: 'this is my first article'
      }
    }
}
```

上述的程式碼當中，函數命名為 get，代表 HTTP 方法為 GET 且 URL 匹配時會被呼叫，回傳的物件當中須至少包含 body，可另外定義 headers 與 status。

- **body**：endpoints 回傳的資料，預設會被序列化為 JSON

- **headers**：物件，endpoints 回應的標頭

- **status**：HTTP 的狀態碼如：200、3xx、4xx、5xx

沒有特別定義的情況下，status 為 200。如果函數中沒有回傳任何物件，SvelteKit 會視為 404 來處理。

由於 DELETE 在 JavaScript 為關鍵字，因此 DELETE 方法在 SvelteKit 當中會以 del 代替。

```
export function del(params) {
    deletePost(...)

    return {
      body: {
        message: 'post has been deleted'
      }
    }
}
```

當使用者以 DELETE 方法請求此 API 時函數就會被呼叫。除了同步的函數之外，SvelteKit 也支援非同步函數，方便開發者呼叫檔案系統 API 或存取資料庫。

```
export async function get({
    headers,
    method,
    host,
    query,
    params,
    rawBody,
    body,
    locals
```

```
}) {
    const post = await db.findById(...)
    return {
        body: {
            message: 'content'
        }
    }
}
```

函數的參數定義

為了獲取請求與整個應用的相關資訊，在函數當中可以存取參數，內容有：

- **headers**：請求標頭

- **method**：請求方法

- **host**：主機

- **query**：為 URLSearchParams[7] 物件，代表 query parameter

- **params**：動態路徑接收到的參數。例如 /posts/[id].js 則可使用 params. id 存取

- **rawBody**：未解析的 body 內容

- **body**：已解析的 body 內容

- **locals**：經由 hooks 處理後的資訊（存在於請求當中），關於 hooks 的 詳細說明可參考 5-7

---

7 https://developer.mozilla.org/en-US/docs/Web/API/URLSearchParams

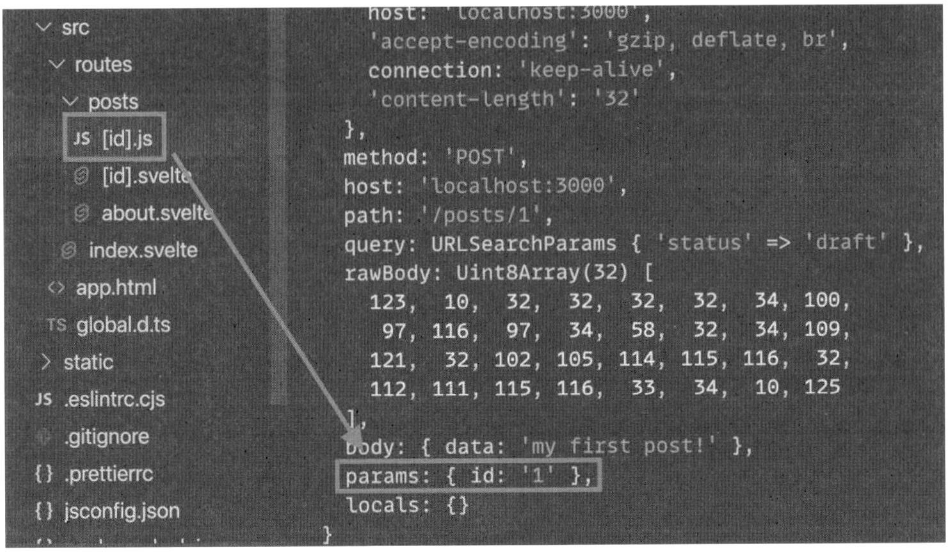

```
∨ src
  ∨ routes
    ∨ posts
      JS [id].js
      ⍉ [id].svelt
      ⍉ about.svelte
      ⍉ index.svelte
  <> app.html
  TS global.d.ts
  > static
  JS .eslintrc.cjs
  ⍟ .gitignore
  {} .prettierrc
  {} jsconfig.json
```

```
    host: 'localhost:3000',
    'accept-encoding': 'gzip, deflate, br',
    connection: 'keep-alive',
    'content-length': '32'
  },
  method: 'POST',
  host: 'localhost:3000',
  path: '/posts/1',
  query: URLSearchParams { 'status' => 'draft' },
  rawBody: Uint8Array(32) [
    123,  10,  32,  32,  32,  32,  34, 100,
     97, 116,  97,  34,  58,  32,  34, 109,
    121,  32, 102, 105, 114, 115, 116,  32,
    112, 111, 115, 116,  33,  34,  10, 125
  ],
  body: { data: 'my first post!' },
  params: { id: '1' },
  locals: {}
```

圖 5-3 [] 中的參數名稱與值傳到 params 物件當中

```
{
  headers: {
    'content-type': 'application/json',
    accept: '*/*',
    'postman-token': 'a70740d3-fe71-4c40-9206-62aea00a3086',
    host: 'localhost:3000',
    'accept-encoding': 'gzip, deflate, br',
    connection: 'keep-alive',
    'content-length': '32'
  },
  method: 'POST',
  host: 'localhost:3000',
  path: '/posts/1',
  query: URLSearchParams { 'status' => 'draft' },
  rawBody: Uint8Array(32) [
    123,  10,  32,  32,  32,  32,  34, 100,
     97, 116,  97,  34,  58,  32,  34, 109,
    121,  32, 102, 105, 114, 115, 116,  32,
    112, 111, 115, 116,  33,  34,  10, 125
  ],
  body: { data: 'my first post!' },
  params: { id: '1' },
  locals: {}
}
```

圖 5-4 endpoints 使用的函數參數範例

≫ 如何解析請求中的 body

為了解析請求中的 body，首先必須要確保請求方法為 POST，SvelteKit 會根據請求標頭當中的 Content-Type 來判斷如何解析 body。

- **content-type 為 text/plain**：解析為字串
- **content-type 為 application/json**：解析為 JSON
- **content-type 為 application/x-www-form-urlencoded** 或是 **multipart/form-data**：解析為 FormData[8] 物件
- 其他 **content-type** 都會解析為 **Uint8Array**

5-4 Layout 與巢狀 Layout

在實作頁面時，通常在同一個子路徑底下的頁面會具有同樣的頁面配置。例如在後台頁面中，通常選單、導航列、頁腳等 UI 都相同。

為了處理頁面當中的共同 UI 配置，在 SvelteKit 當中可使用 layout 機制，將重複的部分額外拆出為獨立元件，整合 Svelte 本來就有的 slot 功能，實作起來相當直覺，與一般的 Svelte 元件撰寫沒有太大的區別。

在資料夾當中加入 __layout.svelte 即為 Layout 元件。

檔案路徑	作用範圍
src/routes/__layout.svelte	/ 的子路徑
src/routes/admin/__layout.svelte	/admin 的子路徑

Layout 的檔名必須為兩個底線（underscore）+ layout.svelte，會作用在所有子路徑當中。Layout 具有繼承的特性，因此在 admin 裡頭的 layout 會繼承最外面的 layout（如果有定義的話）。

---

8 https://developer.mozilla.org/zh-TW/docs/Web/API/FormData

```
<!-- src/routes/__layout.svelte -->
<nav>
    <a href="/">Home</a>
    <a href="/about">About</a>
    <a href="/blog">Blog</a>
</nav>

<slot></slot>
```

　　其他元件渲染時會作用在 slot 當中。

5-5　在 pages 中讀取並使用參數

使用 load 函數

　　在 pages 當中，開發者可以使用 load 函數取得伺服器傳來的各種變數，例如傳入的 query parameter、動態的路徑參數、整個應用的相關資訊。

　　load 函數運作方式與元件當中其他的函數不同，必須放在 <script context=module> 區塊當中。放在這個區塊的函數會在元件初始化之前執行，且只會在整個 App 生命週期呼叫一次 或是在每次重新整理頁面時呼叫一次。

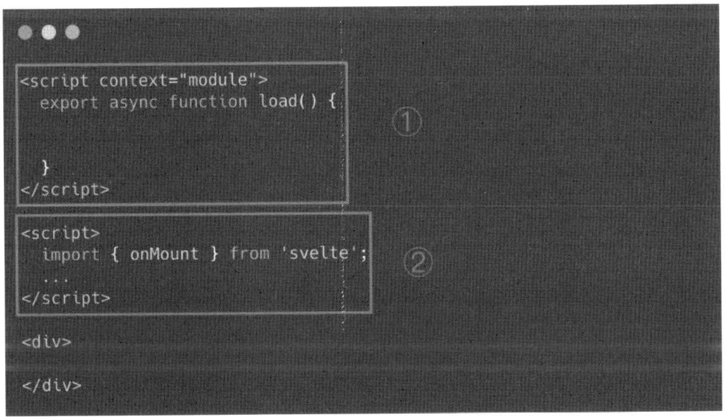

圖 5-5　一般 script 跟 module 的區別

❶ 任何在 context=module 裡的 JavaScript 程式碼在**伺服器端與瀏覽器端都會執行。SvelteKit** 則會對 **load** 函數進行額外處理。

❷ 元件的程式碼會在這裡執行，除了生命週期方法如 onMount 之外，伺服器端與瀏覽器端都會執行。

在 2 當中，如果函數有透過 export 關鍵字輸出，可以引用在 context=module 裡的程式碼，當作元件當中共享的實例。

若在 context=module 的程式碼中 export load 函數，在 SvelteKit 當中會另外處理並在**瀏覽器端執行以及伺服器端執行時額外注入參數**，load 函數的回傳值也必須符合 SvelteKit 所規範的格式，才能正確渲染頁面。

在官方文件中將注入的參數稱作 input，回傳值稱作 ouput。本章節會使用與官方文件相同名稱來描述。

input

我們再次複習 load 函數的用途以及使用方式：

- 必須放在 **context=module** 的 **script** 標籤當中
- 必須使用 **export** 輸出函數
- 函數名稱必須為 **load**
- 不可以使用 **windows** 或其他只能在瀏覽器使用的 **API**

```
<script context="module">
  export async function load({
    page,
    fetch,
    session,
    context
  }) {
```

```
    return …
  }
</script>

<script>
  import { onMount } from 'svelte';
  ...
</script>
```

接下來一一介紹每個參數：

- **page**：頁面 URL 的資訊

- **fetch**：由 SvelteKit 包裝後的 fetch，介面與原生的 fetch[9] 相同，但可以同時在伺服器端與瀏覽器端執行

- **session**：儲存在伺服器當中的資訊，可由開發者自行定義

- **context**：從 layout 元件當中傳過來的資訊

≫ page

```
{
    host: string;
    path: string;
    params: PageParams;
    query: URLSearchParams;
}
```

　　page 物件中包含了此頁面 URL 的相關資訊。host 為主機名稱、path 為路徑、params 為動態路徑當中的參數、query 為 query string，型別為 URLSearchParams。

9　https://developer.mozilla.org/zh-TW/docs/Web/API/Fetch_API

以檔名 src/routes/posts/[id].svelte 為例，假設主機運行在 localhost:8080 上，若使用者存取 URL http://localhost:8080/posts/1?status=draft，則 page 物件的參數分別為：

```
page = {
  host: "localhost:8080",
  path: "/posts/1",
  params: {
    id: "1",
  },
  query: URLSearchParams {
    status: "draft",
  },
};
```

≫ fetch

fetch 函數使用方式與瀏覽器原生的 fetch 介面相同，由 SvelteKit 包裝後可以同時在伺服器端與瀏覽器端執行。

在伺服器端執行時，此函數會將回傳的物件序列化後一起放入 HTML，這樣才能夠確保在客戶端執行時可以直接存取到物件，而不需要在瀏覽器中再次呼叫 API。

這代表若 fetch 函數已經在伺服器端執行並渲染在 HTML 當中，在客戶端就不會再次執行，可節省不必要的網路請求。

以下的範例結合 fetch 與 Github API 獲取資料並將使用者名稱顯示在頁面上。

≫ src/routes/users/[name].svelte

```
<script context="module">
  export async function load({ page, fetch }) {
    const res = await fetch(`https://api.github.com/users/${page.
params.name}`)
      .then(res => res.json());
    return {
      props: {
        login: res.login
      }
    }
  }
</script>

<script>
  export let login;
</script>

<p>Username: {login}</p>
```

在程式碼當中，要注意必須使用 page 函數內的參數呼叫 fetch，而非瀏覽器原生的 fetch，否則無法在伺服器端呼叫 API。

圖 5-6 檢查 devtool 後可發現 fetch/XHR API 並沒有在客戶端被呼叫

≫ context

在 Layout 元件當中，只要回傳的物件具有屬性 context，就可以傳遞給子元件以及在階層下的 Layout 元件。

假設在 src/routes/users/[name].svelte 中存取 context 參數，會依順序向上尋找 context：

- **src/routes/users/__layout.svelte**
- **src/routes/__layout.svelte**

若其他 Layout 元件沒有使用 context，則會回傳空物件。

舉例來說，在 src/routes/users/__layout.svelte 當中回傳 context：

≫ src/routes/users/__layout.svelte

```
<script context="module">
  export async function load() {
    return {
      context: {
        now: Date.now()
      }
    }
  }
</script>
<slot></slot>
```

在 src/routes/users/[name].svelte 當中的 load 函數可存取 context：

```
<script context="module">
  export async function load({ context }) {
    console.log(context); // 顯示從 Layout 中回傳的 context
  }
</script>
```

output

load 函數回傳的物件在 SvelteKit 官方文件中稱為 output，包含以下屬性：

- **status**：HTTP 狀態碼

- **error**：需回傳 Error 物件或是字串。當 status 為 4xx 或 5xx 時回傳

- **redirect**：如果頁面需要重新導向，回傳字串指定要導向的頁面

- **maxage**：以秒為單位。maxage 為 HTTP 的快取機制，當使用者存取頁面時瀏覽器會快取頁面內容，在 maxage 規定的時間內不會再次向伺服器發送請求

- **props**：props 當中的物件會傳到 Svelte 元件當中

- **context**：回傳 context 物件供子元件或 Layout 使用。context 只能在 layout 元件中使用

在下面的範例中，使用一個 layout 元件與 pages 元件實作頁面。

> ### src/routes/posts/__layout.svelte

```
<script context="module">
  export function load() {
    return {
      context: {
        user: {
          name: 'kalan'
        }
      }
    }
  }
</script>
<p>Layout</p>
<slot></slot>
```

在 layout 當中同時將使用者的訊息加入到 context 當中，方便子頁面（在本例中為以 /posts/ 為開頭的路徑）存取。

≫ src/routes/posts/[slug].svelte

```
<script context="module">
  export async function load({ context, page }) {
    const content = 'This is my first post';

    return {
      props: {
        slug: page.params.slug,
        user: context.user,
        content
      }
    }
  }
</script>

<script>
  export let content;
  export let user;
  export let slug;
</script>

<span>Slug: {slug}</span>
<p>作者：{user.name}</p>
<p>{content}</p>
```

透過 load 函數，我們順利在伺服器端與客戶端共享程式碼並整合在同一個元件當中。如果在 load 函數當中沒有特別指定 status，預設會以 200 當作回應。

一般在 SvelteKit 當中開發 pages 的順序如下：

❶ 在 <script context-module> 當中宣告並 export load 函數

❷ 在 <script> 區塊當中撰寫元件的程式碼並宣告屬性接收由 load 函數傳
　 來的屬性

❸ 撰寫元件外觀

如果對 **next.js** 有經驗的話，此行為類似 **next.js** 當中的 **getServerSide Props** 函數。不過 **SvelteKit** 的函數會同時在客戶端與伺服器端執行，不像 **getServerSideProps** 一樣只會在伺服器端執行。

5-6　錯誤頁面

如果 pages 無法順利載入或是 load 函數有誤時，SvelteKit 會尋找是否有檔名為 __error.svelte 的元件，並將元件內容渲染出來。

__error.svelte 具有階層關係，假設在 src/routes/admin/ 的元件中發現錯誤，SvelteKit 首先會尋找該目錄下的 src/routes/admin/__error.svelte 檔案，如果無檔案則會繼續向根目錄尋找。

檔案路徑	作用範圍
src/routes/__error.svelte	/ 的子路徑
src/routes/admin/__error.svelte	/admin 的子路徑

在錯誤頁面中也可以使用 load 函數載入與回傳參數，但參數與回傳物件不太相同。

- **error**：從 pages 當中傳來的 error。可為 Error 物件或字串

- **status**：HTTP 狀態碼

回傳的物件只接收 props 屬性，負責傳到元件當中。

≫ src/routes/__error.svelte

```
<script context="module">
  export function load({ error, status }) {
    return {
      props: {
        status,
        error,
      }
    }
  }
</script>

<script>
  export let error;
  export let status;
</script>

<h2>Status: {status}</h2>

{#if error.message}
  <p>{error.message}</p>
{:else}
  <span>{error}</span>
{/if}
```

以此錯誤頁面為例，當其他 pages 中回傳的 HTTP 狀態碼為 4xx 或是 5xx
時，就會由錯誤元件負責處理。

≫ src/routes/posts/[slug].svelte

```
<script context="module">

  export async function load({ context, page }) {
    const err =  new Error('bad request')
    return {
      status: 400,
      error: err
    }
  }
</script>
```

因為在 pages 中回傳了 status: 400，因此 SvelteKit 在處理時會將 error 以及 status 傳入 **src/routes/_error.svelte** 當中。

Layout 也會套用到錯誤頁面的 Svelte 元件 _error.svelte 上。

5-7　Hooks

在 SvelteKit 當中，hooks 是指每次在伺服器端接收請求時會執行的函數。檔案的命名慣例為 src/hooks.js（可透過設定檔調整）。

檔案中可以 export 幾個函數供 SvelteKit 使用：

- **handle**：當 SvelteKit 接收到請求時執行

- **handleError**：當應用當中有**非預期的錯誤**時執行，例如資料庫存取失敗

- **getSession**：當 SvelteKit 渲染頁面時會將此函數的回傳結果序列化後給客戶端存取

以下將會一一介紹每個函數的使用方式以及使用時機。

對 **React** 有經驗的讀者可能會將 **hooks** 一詞與 **react 16** 中的 **hooks** 聯想在一起。兩者的功能以及使用場景完全不同。

React 的 **hooks** 功能在元件當中使用，而 **SvelteKit** 當中的 **hooks** 則是負責處理發送給伺服器端的請求。

handle

在**伺服器端**接收到請求時執行。handle 函數接收參數 request 及 resolve 函數，回傳值必須為 ServerResponse。在實作 ServerResponse 時，建議使用參數中的 resolve 函數處理。

因為 hooks 只會在伺服器端中處理，所以可以安心使用任何 node.js 的模組，例如 fs 檔案系統

handle 的使用場景如下：

- 加入客製化的 **header**

- 驗證使用者身分

- 在應用層紀錄請求內容

- 其他需要統一處理的功能

與 load 函數相同，handle 函數也可以回傳 Promise 或是使用 async 語法，SvelteKit 會等到 Promise 被解決之後才會繼續處理請求。因此必須注意盡量不要在函數中處理需要長時間的任務。

一個簡單的 handle 函數範例如下：

```
export async function handle({ request, resolve }) {
    console.log(request.headers); // 印出請求標頭
    const response = await resolve(request)
```

```
    return response
}
```

　　為了讓讀者對 handle 的使用方式與時機有更進一步的理解，下面補充一個實際應用。

handle 函數只有在應用運行時或是正在 prerendering 時才會執行。存取靜態檔案或已經渲染好的靜態頁面並不會觸發 handle 函數。

≫ 範例：讀取 cookie

　　Cookie 也是 HTTP 請求標頭的一種，因此可以透過 request.headers 存取。在 SvelteKit 當中並沒有特別將 cookie 解析為物件，需要開發者自行解析[10]。

　　解析請求標頭的 cookie 字串為物件需要對 cookie 的格式標準有一定程度的了解，且需要考量資安問題，避免不合法的 Cookie 字串導致應用無法運行。

　　因此在實作時應盡量使用成熟的第三方套件，在 node.js 當中可使用 cookie[11] 套件來解析。

```
import * as cookie from 'cookie';


export async function handle({ request, resolve }) {
    const cookies = cookie.parse(request.headers.cookie);
    if (cookies.username === 'kalan') {
        request.locals = {
            user: {
                name: 'kalan'
            }
        }
    }

    const response = await resolve(request);
    return response
}
```

---

10 在 node.js 網頁應用框架 express 中可直接使用 req.cookies 存取已經解析完成的 cookie。
11 https://github.com/jshttp/cookie

在範例當中，使用了 cookie 套件將 cookie 字串解析為物件之後放入 locals 當中給後續的 endpoints。

```
export function get(request) {
    const { user } = request.locals;
    if (user.name === 'kalan') {
        return {
            body: {
                isAdmin: true,
            }
        }
    } else {
        return {
            body: {
                isAdmin: false,
            }
        }
    }
}
```

在 endpoints 的函數當中，可以讀取 request.locals 得到 hooks 處理過後的程式碼，並透過 cookie 判斷是否返回 isAdmin 為 true。

request.locals 機制只會作用在伺服器端以及 endpoints 當中，不會作用在 pages 以及客戶端。

handleError

handleError 函數會在應用發生非預期的錯誤時觸發，讓開發者方便在此函數當中進行統一處理。

特別要注意的地方在於像是 pages 或是 endpoints 當中回傳 4xx、5xx 的 HTTP 狀態碼，並不會觸發 handleError 函數。此函數不需要回傳值，通常被用來當作非預期錯誤的觸發方式。我們可以將相關的 error 訊息傳送到 slack 當中即時通知開發者。

```
export async function handleError({ error, request }) {
    sendToSlack({
        message: error.message,
        request: request,
        timestamp: Date.now()
    })
}
```

在實際應用當中，除了即時回報的機制之外，也可以透過作業系統的紀錄檔、第三方服務如 Sentry、Zappix、Datadog 等監控服務，達到更完善的偵錯機制。

getSession

在 endpoints 當中，我們可以使用 request.locals 將資訊傳遞給其他 endpoints；同時我們也可以透過 session 機制將這些資訊傳給 pages。

	作用範圍	是否需要序列化
request.locals	伺服器端	否
getSession	客戶端	是

和 **request.locals** 不同，**session** 的資料會暴露在客戶端當中，因此需要確保在 **session** 的資訊是可以公開的。

在 hooks 章節當中，我們介紹了如何使用 request.locals，並在 endpoints 當中使用。本章節範例則是透過 getSession 函數讓 pages 元件能夠存取 session 資訊。

```
export async function getSession(request) {
  const cookies = readCookie(request.headers.cookie);
  if (cookies.username === "kalan") {
    return {
      user: {
```

```
        name: "kalan",
      },
    };
  }
  return {};
}
```

在 src/hooks/index.js 當中加入 getSession 函數後，session 就可以在 pages 元件中的 load 函數讀取了。

```
<script context="module">
  export async function load({ context, page, session }) {
    return {
      status: 200,
      props: {
        slug: "my-first-post",
        content: "This is my first post",
        user: session ? session.user : { name: "unknown" },
      },
    };
  }
</script>
```

程式碼裡我們將 session 的資料傳入元件屬性中，如果沒有定義的話則傳入使用者名稱 unknown。

```
import { start } from "/.svelte-
kit/dev/runtime/internal/start.js";
start({
    target: document.querySelector("#svelte"),
    paths: {"base":"","assets":""},
    session: {user:{name:"kalan"}},
    host: "localhost:3000",
    route: true,
    spa: false,
    trailing_slash: "never",
    hydrate: {
        status: 200,
        error: null,
        nodes: [
            import("/src/routes/__layout.svelte"),
            import("/src/routes/posts/__layout.svelte"),
            import("/src/routes/posts/[slug].svelte")
        ],
        page: {
            host: "localhost:3000", // TODO this is
redundant
            path: "/posts/hello-world",
            query: new URLSearchParams(""),
            params: {"slug":"hello-world"}
        }
    }
});
== $0
```

圖 5-7　查看瀏覽器 devtool 會發現 session 訊息會包含在頁面程式碼當中

與其他機制比較

在共享應用的狀態上我們介紹了 SvelteKit 的三種機制：context、session、request.locals，三者分別有不同的用途以及作用範圍。

	context	session	request.locals
作用範圍	伺服器端	客戶端	HTTP 請求
作用對象	pages	pages	endpoints
使用方式	在 layout 元件內定義，**在 pages 元件的 load 函數使用**	在 hooks 內定義，**在 pages 元件的 load 函數使用**	在 hooks 內定義，**在 endpoints 使用**

5-8 模組

SvelteKit 中可以使用模組來幫助組織應用，存取相關伺服器的資訊、環境變數等等。由於 SvelteKit 並非本書主要主題，因此只會介紹較重要的模組。

$app/env

$app/env 模組提供有關於當前執行環境的資訊。

- **amp**：專案是否有開啟 amp 設定

- **browser**：目前的程式碼是在伺服器端執行還是瀏覽器端

- **mode**：目前的模式為 development 或是 production

- **prerendering**：目前執行環境是否為 prerendering

$app/paths

此模組提供有關於 base 路徑與 assets 路徑，一個常見的場景是在程式碼當中引入靜態檔案使用。這兩個路徑可以在 svelte.config.js 當中的 paths 屬性中設定。

詳細的設定檔可參考章節 5-9 。

在開發環境當中，圖片或是其他靜態檔案會放在專案當中直接使用，但在正式環境時時常會儲存在額外的空間，並使用內容傳遞節點 CDN 優化靜態內容傳送給使用者所在區域的速度。

在開發模式下使用 assets 路徑會回傳 /_svelte_kit_assets；在正式環境下使用時才會回傳在 svelte.config.js 設定的 URL。

$lib

為 src/lib 的縮寫，方便開發者使用此縮寫引入檔案。

```
import util from '../../lib/util';

// 效果一樣，但不需要使用相對路徑
import util from '$lib/util';
```

$app/navigation

此模組整合了一系列關於頁面導航的函數，讓開發者可以在單頁式應用當中的頁面轉換變得更加順暢。詳細介紹可到官方文件閱讀[12]。

```
import { goto, invalidate, prefetch, prefetchRoutes } from '$app/
navigation';
```

$app/stores

本章節所提到的 page、session 都可以透過此模組直接取得。詳細介紹可到官方文件閱讀[13]。

5-9 設定

SvelteKit 的設定檔可以在專案當中的 svelte.config.js 編輯，所有的屬性都是可選的。

```
const config = {
    // compilerOptions，其設定與章節 3-12 相同
    compilerOptions: null,

    // 哪些副檔名會被當作 Svelte 元件處理
    extensions: ['.svelte'],
```

12　https://kit.svelte.dev/docs#modules-$app-navigation
13　https://kit.svelte.dev/docs#modules-$app-stores

```
    // SvelteKit 相關的設定
    kit: {
        adapter: null, // adapter 設定，可參考 5-11 adapter 章節



        amp: false, // 是否啟用 AMP
        appDir: '_app', // 編譯後的程式碼放置的路徑位置
        files: {
            assets: 'static', // 靜態檔案的位置（圖片等）
            hooks: 'src/hooks',  // hooks 的存放位置
            lib: 'src/lib', // lib 的存放位置
            routes: 'src/routes', // 路徑的存放位置
            serviceWorker: 'src/service-worker', // service worker 的存
放位置
            template: 'src/app.html' // 樣板 HTML 檔案的存放位置
        },
        floc: false, // 是否使用 Google's 提案的 FLoC
        host: null, // 覆寫預設的 Host 標頭
        hostHeader: null, // 如果使用反向代理或是負載平衡時，可使用
hostHeader 定義 X-Forwarded-Host 追蹤
        hydrate: true, // 在 HTML 載入完成時加入 JavaScript 程式碼互動（通常
設定為 true）
        package: {
            dir: 'package',
            emitTypes: true,
            exports: {
                include: ['**'],
                exclude: ['_*', '**/_*']
            },
            files: {
                include: ['**'],
                exclude: []
            }
        },
```

```
    paths: {
        assets: '', // 靜態檔案的 URL。包含圖片、JavaScript、CSS
        base: '' // 定義應用的 root URL。(例如從 /app 開始)
    },
    prerender: {
        crawl: true, // 讓 SvelteKit 自動尋找可以 prerender 的頁面
        enabled: true, // 是否開啟 prerender 功能
        onError: 'fail', // 可以是 fail / conitnue 或函數，定義在錯誤發
生時應該如何處理
        pages: ['*'] // 可透過此方法一次定義哪些頁面需要 prerender
    },
    router: true, // 是否開啟在客戶端的路由
    serviceWorker: {
        exclude: []
    },
    ssr: true, // 是否開啟 SSR 功能
    target: null, // Svelte 元件掛載的 DOM 節點
    trailingSlash: 'never', // 是否加入 trailingSlash，可接受
never|always|ignore
    vite: () => ({}) // vite 相關的設定
  },

  // 預處理的設定，可參考章節 3-13
  preprocess: null
};


export default config;
```

5-10 使用 adapter 部署

SvelteKit 的程式碼並沒有限制開發者要用哪個平台實作，而是透過 adapter 告訴 SvelteKit 應該如何處理生成的程式碼。

例如使用 adapter-vercel 可以部署到 Vercel（使用 serverless 功能）、透過 adapter-netlify 部署到 Netlify，而不需要另外撰寫程式碼處理 serverless 的邏輯。如果要使用一般的 node.js 伺服器部署，SvelteKit 也有提供 adapter-node。對於純靜態的頁面來說，可以使用 adapter-static 來產生靜態檔案。

	部署方式	適合場景
adapter-netlify	Netlify（serverless）	伺服器單純用來渲染頁面且部署在 Netlify 上
adapter-vercel	Vercel（serverless）	伺服器單純用來渲染頁面且部署在 Vercel 上
adapter-node	伺服器	在雲端或 VM 上架設伺服器
adapter-static	靜態檔案（SSG）	用來渲染靜態 HTML 檔案

Netlify 與 Vercel 免費版本皆提供 serverless 功能，在一定條件下開發者可用來建立 API 或使用伺服器渲染。

除了官方支援的 adapter 之外，也可以在社群[14] 當中找到其他開源的 adapter，對於撰寫 adapter 有興趣的讀者可參考官方文件。[15]

範例：設定 adapter-node

❶ 安裝 adapter-node

```
npm install adapter-node
```

---

14 https://sveltesociety.dev/components/#category-SvelteKit%20Adapters
15 https://kit.svelte.dev/docs#writing-an-adapter

❷ 修改 svelte.config.js 檔案加入 adapter 屬性

```
import adapter from '@sveltejs/adapter-node';

const config = {
    kit: {
        adapter: adapter({
            out: 'build',
        }),
        target: '#svelte',
    }
};

export default config;
```

❸ 執行 svelte-kit build，建構 JS 檔案、HTML 以及 CSS 檔案，根據上述的設定，檔案會在 build 資料夾當中

SvelteKit 當中還有其他幫助開發的腳本可以執行，可以到官方文件當中找到全部的腳本[16]。

---

16 https://kit.svelte.dev/docs#command-line-interface

Note

6

測試篇

» 為什麼要撰寫測試？

» 測試的種類

» 使用 testing-library 與 jest 撰寫測試

» 使用 cypress 撰寫端對端測試

6-1 為什麼要撰寫測試？

一旦開發者開始撰寫程式碼，實際執行應用，就存在錯誤的可能性。忘記處理例外狀況、元件狀態不如預期、互動事件沒有觸發，這些潛在錯誤小則造成使用者不方便，大則有可能造成公司的金錢損失。為了建構穩固、可靠的應用，測試對開發新功能、修正錯誤、重構時相當重要。

最簡單的測試方式是開發者在撰寫好程式碼後可以先在本地端跑一次確認結果之後再繼續撰寫程式碼。在網頁互動尚未成熟的年代，靜態頁面的變化都在可以控制的範圍，前端開發當中對於測試的需求較低，這種方式已經足以應付需求。

手動確認程式碼的運作雖然簡單，但存在許多缺點：

- 新增程式碼之後，不能保證之前手動測試的案例是否無誤
- 專案規模變大後測試的案例變多，手動測試顯然不是個好方法
- 當執行步驟變多時，開發者不一定都按照相同的方式進行測試
- 沒有良好的方法統計測試結果

最重要的是，如果全部依賴手動測試的結果，隨著專案的規模變大，開發者也會越來越沒有信心加入程式碼，因為害怕程式碼的修改造成不可預期的錯誤。

有些開發者認為撰寫測試還需要另外花時間，寫功能都已經忙得焦頭爛額了，根本沒有時間撰寫測試。事實上剛好相反，花在撰寫測試上的時間從長期來看可以維持專案的穩定性，非預期的錯誤可以在開發早期階段發現即時修正，反而縮短了整體開發時間。

對前端應用來說，測試的目的有以下幾點：

減少手動檢查的時間

如果每次修改程式碼都要在瀏覽器上重新測試的話，需要耗費的時間包含網頁重新整理、點擊操作元件、開啟 devtool 檢查元件運作；如果程式碼的修改牽扯到多個頁面或元件，需要花更多時間才能檢查完畢。

確認程式碼是否符合預期

在 JavaScript 程式語言當中有許多發展成熟的測試框架，如 Mocha、chai 以及 Jest，透過簡單的安裝及設定之後就能夠進行測試，本章節會以 Jest 測試框架為範例。

Jest 為 Facebook 開源的 JavaScript 測試框架，功能相當齊全，是目前相當熱門的選擇。

使用程式碼撰寫測試最大的好處在於，開發者對測試通過的條件有精準的定義，透過電腦運算資源而非人力，只要測試程式碼沒有問題，就能夠確保結果是正確的。

就算修改專案程式碼，也不用擔心沒有測試到應該測試的地方，只要有撰寫測試，電腦就會執行並告知結果。

測試結果統計

目前的 JavaScript 測試框架大多具有測試案例統計功能，能夠統計測試案例總數、覆蓋率、執行時顯示成功與錯誤的案例，開發者可以馬上知道哪些程式碼需要修改。

圖 6-1 使用 testing-library、jest 測試 App 元件的程式碼（左半部）與成果（右半部）

自然而然寫出更好維護的程式碼

當開發者習慣撰寫測試時，自然而然會思考如何讓整個模組更容易測試，避免在元件當中處理太多事情，讓測試更好撰寫，進而提升專案程式碼的可維護性。

> 測試的指標不應該以測試案例的多寡為最後結果，而是以開發者的信心為首要考量。當測試案例撰寫後，開發者是否有足夠的信心修改程式碼而不用害怕改錯，就算有改錯的地方測試案例也能順利被測試檢測出。只要能夠達到這點，就算是良好的測試案例。[1]

1　可參考 Kent C. Doods 所撰寫的文章 Write tests. Not too many. Mostly integration
https://kentcdodds.com/blog/write-tests

6-2　測試的種類

測試依照目的、測試手法的不同，主要可以分為三大種：

❶ 單元測試（Unit Test）

❷ 整合測試（Integration Test）

❸ 端對端測試（End to End Test）

單元測試

單元測試（Unit Test），是針對單一函數、模組進行的測試。通常會是測試的最小單位。這類型的測試大多針對函數運作正確性做檢驗，一個單元測試的範例如下：

```
import stringify from './stringify';

describe('stringify', () => {
  it('query params object (one property)', () => {
    expect(stringify({
      user: 'admin'
    })).toBe('?user=admin')
  })

  it('query params object (multiple properties)', () => {
    expect(stringify({
      user: 'admin',
      age: 20
    })).toBe('?user=admin&age=20')
  })
})
```

開發者可在測試當中定義函數的場景,並在 it 函數呼叫中簡單敘述測試案例的內容,在 callback 函數當中使用了 expect 來判斷實際的運行結果是否符合預期。在本範例當中,我們想要測試物件傳入此函數後是否能正確轉為字串當作 URL 的 query string 使用。

在單元測試當中,盡可能考慮到不同的使用場景,以上述範例來說,除了一般字串要有效運作之外,也可以測試像需要額外編碼的中文字或陣列等等,確保結果都是沒問題的。

整合測試

整合測試(Integration Test)是指整合多模組以及元件,確保在模組與模組之間的運作按照預期。

雖然單元測試能夠幫助開發者確保運行結果無誤,而且因為測試的範圍較小,因此撰寫單元測試的速度也很快,但我們並不能確保模組與模組之間的溝通,或是模組與元件之間的溝通是否能正常運作。

舉例來說,開發者實作了按鈕元件並加入了 click 事件監聽器,每次按下按鈕時都會觸發 click 事件並呼叫指定的函數。

```
<script>
  import stringify from './stringify'
</script>


<button on:click={() => stringify}>Click me to stringify</button>
```

實作中,我們可以發現開發者只傳入了函數本身,卻忘記呼叫 stringify 函數了。因此在點擊按鈕時不會有任何效果。在這個範例當中,儘管 stringify 函數已經事先經過單元測試,確保函數本身沒有問題,但是因為在元件實作時沒有順利觸發,還是造成了潛在的錯誤。整合測試撰寫起來雖然麻煩了一些,但更能貼近實際使用場景,增加對測試的信心程度。

在前端應用當中，整合測試時的重點會專注在元件與其他模組的互動：

- 元件渲染是否正確

- 若有條件式，是否有按照預期運作

- 事件監聽與觸發

在整合測試時特別要注意的是，應該盡可能針對元件的行為做測試，而非針對內部實作測試。以下面這個 Svelte 元件來說：

```
<script>
  let clicked = false;
</script>


{#if clicked}
  <span> 已按下按鈕 </span>
{/if}
<button on:click={() => clicked = true}>
```

雖然可以在整合測試當中存取元件的 clicked 變數值判斷是否按下（元件實作），但我們實際想要測試的情形時在按鈕按下時是否出現了「已按下」文字（使用者行為），為了讓測試更符合實際情形，我們應該測試使用者會如何與元件互動，而非元件的實作細節。

除了更貼近實際的使用場景之外，如果在未來想要重構元件的內部實作但不會更動結果，開發者也不需要修改測試，可以更安心地進行重構。

端對端測試

端對端測試（End-to-end Test，有時以 E2E 表示），是指完全從使用者的角度出發進行測試。在前端應用當中，使用者的互動大部分發生在瀏覽器端，因此通常會使用 headless 瀏覽器進行測試。

headless 瀏覽器指得是沒有圖形介面的瀏覽器，通常會或是透過程式控制的方式進行導航。由於這類型的測試會直接使用瀏覽器執行，因此最接近使用者的操作。

因為是直接在瀏覽器上執行測試，因此每個測試案例要花費的時間也會比其他測試來的長，從測試開始到看到成果的回饋也會比較慢一些。目前比較熱門的端對端測試軟體有 cypress[2] 與 puppeteer[3]，本書採用 cypress 作為端對端測試的範例。

6-3　使用 testing-library 與 jest 撰寫測試

testing-library 是幫助撰寫 UI 元件測試的套件包，針對不同的前端框架提供開發者方便操作的 API 使用。撰寫元件測試案例時，testing-library 會將渲染後的 DOM 節點以物件的方式呈現，而不需要實際執行在瀏覽器上。

testing-library 的 API 著重於如何以**使用者的角度**操作元件，並鼓勵開發者著重在元件的實際場景的互動，而非元件的實作細節。

雖然 testing-library 提供了各種 API 幫助測試，但並沒有提供測試執行的功能，例如針對測試案例作統計、如何描述測試案例、用來斷言的 API 等等，因此我們需要搭配 jest 使用。

在 jest 中一個典型的測試案例包含測試描述（describe 函數）以及測試實作（test 或 it 函數）：

```
describe(' 描述 ', () => {
    it(' 測試實作 ', () => {
        // 1. 準備資料、測試場景
```

2　https://www.cypress.io/
3　https://pptr.dev/

```
    // 2. 在 expect 斷言實際結果與預期結果
    expect(1 + 1).toBe(2);
  })

  // 也可以使用 test 函數
  test('測試實作', () => {

  })
})
```

　　測試檔案的檔名沒有硬性規定，也可以在設定檔設定要如何匹配測試檔案。在 jest 中預設是以 __tests__ 資料夾中有包含 .test.js 或是 .spec.js 的檔名當作測試檔案。

安裝 jest 與 testing-library

　　jest 與 testing-library 都可以透過 npm 下載：

```
npm install --save-dev jest @testing-library/jest-dom @testing-library/svelte svelte-jester
```

　　我們額外安裝了 @testing-library/jest-dom，是為了能夠讓 jest 針對 DOM 相關的操作進行斷言，@testing-library/jest-dom 提供了多種 matcher，讓開發者在撰寫測試時可以更方便地選取節點。詳細的 API 可至 GitHub Repository[4] 上查詢。

　　為了讓 jest 能夠讀取 Svelte 元件、模擬瀏覽器的環境，加入 @testing-library/jest-dom 所提供的 API，必須額外設定 jest，本範例中使用 jest.config. js[5] 當作 jest 的設定檔：

4　https://github.com/testing-library/jest-dom
5　除了以 jest.config.js 當作設定檔之外，其他設定方式可參考官方文件。
　　https://jestjs.io/docs/configuration

```
module.exports = {
    roots: ['<rootDir>/src/'],
    transform: {
        '^.+\\.svelte$': 'svelte-jester',
        '^.+\\.js$': 'babel-jest',
    },
    testEnvironment: 'jsdom',
    transformIgnorePatterns: ['node_modules'],
    moduleFileExtensions: ['js', 'svelte'],
    setupFilesAfterEnv: ['<rootDir>/jest-setup.js']
}
```

並且在 jest-setup.js 當中引入 @testing-library/jest-dom 模組：

```
require('@testing-library/jest-dom');
```

在 package.json 當中加入 test 腳本：

```
"scripts": {
    "build": "rollup -c",
    "dev": "rollup -c -w",
    "start": "sirv public --no-clear",
    "test": "jest"
},
```

為了讓 jest 能夠支援比較新的 JavaScript 語法，還必須另外安裝 babel 套件。

```
npm install --save--dev babel-jest @babel/core @babel/preset-env
```

設定 babel.config.js 檔。

```
module.exports = {
    presets: [['@babel/preset-env', { targets: { node:'current'} }]],
};
```

這樣一來就可以開始撰寫測試了。

分析使用情景與撰寫測試

本章節範例程式碼可在 GitHub[6] 上取得。

圖 6-2 以滑桿 UI 當作測試範例

撰寫整合測試時，我們可以先思考使用者會如何與此元件互動，並以此設計測試案例。以一個滑桿 UI 來說，可能會有以下使用情形：

- **使用者點擊滑桿時根據滑鼠位置改變數值**

- **改變數值時觸發 change 事件並呼叫監聽器函數**

接下來我們就針對這兩個不同的使用情境撰寫整合測試。

點擊滑桿

測試環境中並無瀏覽器可使用，我們沒辦法實際模擬使用者點擊滑桿的行為，但在 jest 當中可以使用 jsdom 來模擬 DOM 的渲染，並透過 testing-library 的 API 來搜尋節點。因此在程式碼的實作上，我們可以用事件觸發的方式來模擬點擊行為。

---

6 https://github.com/kjj6198/svelte-slider-testing

```
import { render, fireEvent } from "@testing-library/svelte";
import Slider from "../Slider.svelte";

describe("Slider", () => {
  it("changes value when mouse clicked", async () => {
    const { getByRole } = render(Slider, {
      current: 50,
      max: 100,
      min: 0,
      step: 1,
    });
    const dom = getByRole("slider");
    await fireEvent.mouseDown(dom, {
      clientX: 40,
    });

    expect(dom).toHaveAttribute("aria-valuenow", "40");
  });
});
```

在測試環境中 jest 會注入 expect、it、describe 等全域函數，開發者不必特別引入也可以直接使用。

這個測試案例主要做了下面幾件事：

- 使用 **render** 函數將 **Svelte** 元件渲染為 **DOM**（非瀏覽器環境）

- 透過 **getByRole** 函數尋找 **slider**

- 使用 **fireEvent** 觸發 **mousedown** 事件

- 確認 **aria-valuenow** 是否更新為預期的數字

render 函數可接收 Svelte 元件當作第一個參數，第二個參數則是要傳入的屬性。

呼叫此函數後會回傳各種匹配函數供開發者搜尋匹配的節點做測試。本範例雖然是使用 getByRole 搜尋節點，不過開發者也可以使用其他 API 來搜尋。

fireEvent 能夠模擬大部分的瀏覽器事件，並在第二個參數當中傳入自行定義的資料。在本測試案例當中我們傳入了 clientX 模擬滑鼠點擊的位置。

在斷言的部分採用了 @testing-library/jest-dom 提供的 toHaveAttribute 來做斷言，方便我們快速取得 aria-valuenow 的內容。

必須要注意的是，在 jsdom 中任何與畫面有關的屬性（如寬、高）都會被初始化為 0，但在滑桿的實作當中有根據滑桿當前的寬度當作滑桿拉動幅度的參考，因此需要在測試當中將 clientWidth 稍作修改。

我們可以透過 beforeAll 函數確保在每個測試案例執行前都會先執行此程式碼：

```
beforeAll(() => {
    Object.defineProperty(HTMLDivElement.prototype, 'clientWidth', {
value: 100 })
    })
```

這樣一來滑桿的 div 寬度就會固定為 100 了。

實際執行測試案例後順利通過！

```
> jest

 PASS  src/__tests__/Slider.test.js
  Slider
    ✓ changes value when mouse clicked (64 ms)
    ○ skipped should update when value changed
    ○ skipped should trigger change event when value changed
    ○ skipped changes value when dragging
    ○ skipped can change value with keyboard event

Test Suites: 1 passed, 1 total
Tests:       4 skipped, 1 passed, 5 total
Snapshots:   0 total
Time:        3.19 s
Ran all test suites.
```

圖 6-3 測試執行成功後會印出 PASS 並在測試案例前打勾

　　我們也故意傳入不正確的值來確認測試的撰寫是否正確。修改斷言的程式碼：

```
expect(dom).toHaveAttribute('aria-valuenow', "10")
```

　　原本 aria-valuenow 預期為 40，在這邊調整為 10。再次執行測試之後會發現終端機上有報錯。

```
expect(element).toHaveAttribute("aria-valuenow", "10") // element.getAttribute("aria-valuenow") === "10"

Expected the element to have attribute:
  aria-valuenow="10"
Received:
  aria-valuenow="40"

  48 |         })
  49 |
> 50 |              expect(dom).toHaveAttribute('aria-valuenow', "10")
     |                   ^
  51 |     })
  52 |
  53 |     it.skip('changes value when dragging', async () => {

  at Object.<anonymous> (src/__tests__/Slider.test.js:50:15)

Test Suites: 1 failed, 1 total
Tests:       1 failed, 4 skipped, 5 total
```

圖 6-4 若預期結果於實際不同則會報錯

除了回報錯誤之外，jest 還會指出預期結果跟實際結果有哪裡不同，並指出出錯的程式碼。

觸發 change 事件

接下來我們來撰寫第二個測試案例。在本測試案例中為了測試 change 事件是否有觸發，我們可以使用 jest 的 mock[7] 函數功能。

Jest 的 mock 函數功能可以讓開發者模擬函數是否有被正確呼叫，或是以預期的參數被呼叫，在這類型的測試當中我們通常不在意函數的實作細節，因此可使用 mock 函數幫助撰寫測試。

在本測試案例當中我們只想要測試 change 事件是否有觸發並以預期的參數呼叫。mock 函數可以幫助我們捕捉函數的呼叫。

為了方便傳入 mock 函數，我們可以另外撰寫 Svelte 元件當作測試使用。

Test.svelte

```
<script>
  import { onMount } from "svelte";
  import Slider from "../Slider.svelte";

  export let onChange;
  export let value;
  onMount(() => {
    setTimeout(() => {
      value = 20;
    }, 1000);
  });
</script>
```

---

7 https://jestjs.io/docs/mock-functions

```
<Slider max={100} min={0} step={1} current={value}
on:change={onChange} />
```

在元件裏頭藉由 setTimeout 的方式改變數值，進而觸發 Slider 更新。這樣一來我們就可以傳入 mock 函數來檢測 change 事件是否有被觸發。

```
import Test from "./Test.svelte";
import { act, render } from "@testing-library/svelte";
it("should trigger change event when value changed", async () => {
  jest.useFakeTimers();
  const mockFn = jest.fn();
  render(Test, {
    value: 10,
    onChange: mockFn,
  });

  await act(() => {
    jest.runOnlyPendingTimers();
  });

  expect(mockFn).toHaveBeenCalledTimes(1);
  expect(mockFn).toHaveBeenCalledWith(
    new CustomEvent("change", {
      detail: { current: 20 },
    })
  );
});
```

Jest 提供 toHaveBeenCalledTimes 與 toHaveBeenCalledWith 以及其他與 mock 函數相關的斷言 API，讓開發者可以方便測試 mock 函數。在本測試案例當中我們想要測試的是：

- 傳入的函數是否有被呼叫（**change** 函數是否有被觸發）

- 參數是否和預期相同

特別要注意的是這邊的 change 事件是透過 Svelte 的 Custom Event 功能所撰寫的，而非原生的 change 事件。

在測試環境當中如果有與 setInterval 或 setTimeout 相關的操作，可以利用 jest.useFakeTimer 函數來模擬。在測試案例當中執行 jest.runOnlyPendingTimers 時，會呼叫所有尚未執行的 setTimeout 以及 setInternal 函數。

不過當變數更新時，Svelte 並不會立即更新元件，因此需要將 runOnlyPendingTimers 放在 act 函數當中，讓更新後的操作可以立即被 Svelte 執行。

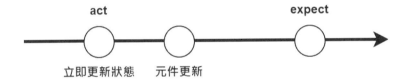

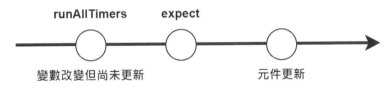

圖 6-5 act 能夠讓 Svelte 元件即時更新

如果沒有在 act 裡呼叫 runAllTimers，儘管變數已經改變了，但元件尚未更新的關係，因此 change 事件還不會被觸發，造成錯誤的結果。

```
● Slider > should trigger change event when value changed

  expect(jest.fn()).toHaveBeenCalledTimes(expected)

  Expected number of calls: 1
  Received number of calls: 0

    23 |              jest.runAllTimers()
    24 |
  > 25 |              expect(mockFn).toHaveBeenCalledTimes(1)
       |                             ^
    26 |              expect(mockFn).toHaveBeenCalledWith(new CustomEvent('change', {
    27 |                     detail: { current: 20 }
    28 |              }))

  at Object.<anonymous> (src/__tests__/Slider.test.js:25:18)
```

圖 6-6 若沒有使用 act 會出現錯誤

除了這兩個測試案例之外，不妨可以思考一下在實際的使用上還有哪些場景是開發者可以測試的，像是針對鍵盤導航的測試、或是拖拉滑桿的測試等等。

可以發現撰寫元件測試時往往沒有固定的寫法，甚至會因為開發者的習慣衍生出截然不同的風格。不管使用什麼方式，只要能夠達到提升對程式碼信心的目的即可。

除了本章節使用到的 API 之外，在 jest 當中還有提供大量的匹配函數，方便開發者撰寫清晰易懂的測試；針對 mock 函數，在 jest 當中也有相當豐富的功能與 API 可以使用，有興趣的讀者可以另行參考官方文件[8]。

本章節著重於撰寫測試的手法，測試工具可以根據專案需求而定。

---

8 https://jestjs.io/docs/

6-4 使用 Cypress 撰寫端對端測試

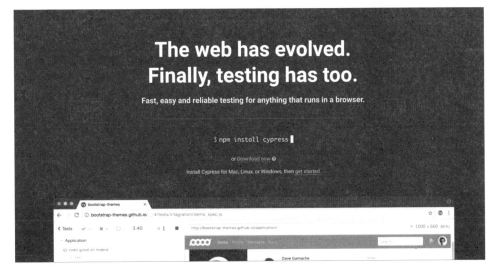

圖 6-7 Cypress 官網

Cypress[9] 是針對瀏覽器端對端測試而生的工具，能夠應付在瀏覽器端上執行的應用。Cypress 會實際開啟 headless 瀏覽器，開發者可透過撰寫程式來控制瀏覽器操作並預期結果。

因為是瀏覽器環境，若在專案中有任何 HTTP 請求也會實際發送到伺服器端，針對在測試環境中也比較難測試的 HTTP 請求，Cypress 也可以攔截後修改回應，使用上相當具有彈性。

Cypress 本身已經具有測試案例、統計等功能，甚至可以將執行過程另外儲存為影片供開發者除錯。由於 Cypress 功能相當豐富，本章節將會著重於如何針對使用場景選擇適當的測試方法。

---

9 https://www.cypress.io

Cypress 撰寫測試的方式以及 API 與 jest 類似，除了斷言的 API 比較不一樣之外，像是 describe、it 的使用方式都是相同的。

本章節的詳細程式碼可以在 GitHub Repository 上取得，按照 README.md 指示操作後即可在本地端執行。

Cypress 安裝與其他套件整合

本章節的範例程式碼可在 GitHub Repository[10] 上存取。

Cypress 可透過 npm 下載：

```
npm install --save-dev cypress @testing-library/cypress
```

為了在 Cypress 中使用更方便的 API，可以下載 @testing-library/cypress 套件擴充 Cypress 的指令。

設定檔案

Cypress 可透過 CLI 調整設定檔的路徑，在本範例當中我們以 cypress.json 當作設定檔。

```
{
    "baseUrl": "http://localhost:5000",
    "integrationFolder": "cypress/e2e/"
}
```

baseUrl 告訴 Cypress 要使用哪個 URL 作測試，integrationFolder 則告訴 Cypress 要從哪裡讀取設定檔案。

---

10 https://github.com/kjj6198/svelte-slider-testing

為了讓 @testing-library/cypress 的指令生效，我們還必須在 cypress/support/commands.js 檔案中引入套件。

```
import '@testing-library/cypress/add-commands';
```

最後在 package.json 當中加入腳本方便開啟 cypress。

```
"scripts": {
    "e2e:open": "cypress open",
    "e2e:run": "cypress run --config-file ./cypress.json"
}
```

- **e2e:run** 腳本會直接執行測試案例並回報結果

- **e2e:open** 會打開 **cypress** 應用，開發者可以自由選擇要測試哪些檔案

撰寫測試

為了加入更多互動，本範例整合滑桿 UI 與 GitHub API，使用者可以拉動滑桿改變每次 API 要拿取的資料筆數。簡化過後的程式碼如下：

```
<script>
    import debounce from "./debounce";
    import Slider from "./Slider.svelte";
    let perPage = 5;
    const callAPI = () => ...
    let response = callAPI();
    const debouncedChange = ...
</script>

<h2> 列表數 : {perPage}</h2>
<Slider
    min={1}
    max={30}
```

```
    step={1}
    current={perPage}
    on:change-{(e) -> {
      perPage = e.detail.value;
      debouncedChange();
    }}
  />


{#if response}
  {#await response}
    <span>API 載入中</span>
  {:then data}
    <h3>搜尋結果</h3>
    <div class="container">
      {#each data.items as item (item.id)}
        <div class="search-result">
          ...
        </div>
      {/each}
    </div>
  {:catch err}
    <p>{err.message}</p>
  {/await}
{/if}
```

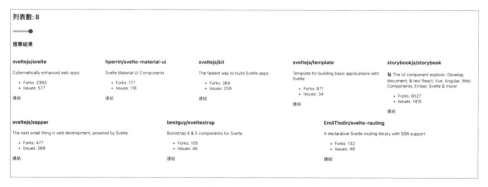

圖 6-8 每次拉動滑桿時更新列表

根據實作以及實際的使用場景，我們不妨思考一下如何測試：

- 滑桿 UI 顯示在螢幕上

- 拉動或點擊滑桿時改變列表數

- API 的結果正確顯示在螢幕上

- API 有錯誤時顯示錯誤訊息

滑桿 UI 顯示在螢幕

由於測試的第一步驟都是先拜訪 / 路由，我們可以利用 beforeEach 來簡化：

```
beforeEach(() => {
  cy.visit('/')
})
```

cy.visit 可以控制瀏覽器瀏覽特定的 URL，效果等同於在網址列輸入網址並導航。

要確認滑桿 UI 是否在螢幕上，我們可以透過 @testing-library 提供的 findByRole 函數查找 slider。

```
it('The slider component should exist', () => {
  cy.findByRole('slider').should('exist')
})
```

在測試環境中 Cypress 會注入 cy 以及其他全域函數或物件，開發者不需要額外引入套件。

Cypress 的測試撰寫比較特別，通常都是透過 chainable 的方法執行一連串的操作後再使用 .should 執行斷言。斷言的方式是根據 should 裡頭的字串判定，例如在本程式碼當中，exist 的意思為 slider 節點是否存在於當前的瀏覽器環境。

should 之後也可以繼續串接其他操作，例如：

```
it('The slider component should exist', () -> {
    cy.findByRole('slider')
      .should('exist')
      .should('have.attr' , 'aria-valuenow', '5')
  })
```

雖然程式碼看起來與整合測試雷同，但是這段程式碼實際上會在 headless 瀏覽器環境執行，可以得到更真實的結果。

執行 npm run e2e:open 後點擊 App.test.js，應該可以看到以下結果：

圖 6-9 測試執行後會在 headless 瀏覽器上執行

點擊滑桿時改變列表數

```
it('should change value when being clicked', () => {
    const defaultPerPage = 5
    cy.findByText(/ 列表數 /).should('contains.text', defaultPerPage)
    cy.findByRole( 'slider' ).trigger('mousedown', 'right')
    cy.findByText(/ 列表數 /).should('contains.text', '30')
})
```

在 Cypress 中可使用 trigger 來模擬瀏覽器事件。不過這個事件會實際在瀏覽器環境中執行，就跟使用者實際的行為一樣。

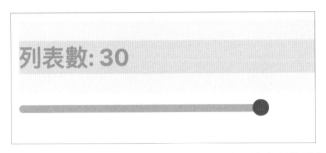

圖 6-10 呼叫 trigger 之後會實際模擬使用者行為在瀏覽器上

因此在本例當中，呼叫 cy.trigger 之後可以發現滑桿的位置跟數字都更新了。

在滑桿 UI 更新之後，我們使用 findByText 來確認「列表數」後的數字是否有更新。findByText 可以傳入字串或是正規表達式來匹配文字，之後透過 should 裡頭的 contains.text 來判斷數字是否有更新。

should 支援的斷言方法相當多樣，本章節提到的 API 只是一小部分，如果想要對能夠使用的 API 有更多了解可參考 Cypress 的官方文件 [11]。

拉動滑桿時改變列表數

拉動滑桿需要比較多步驟，不過在 Cypress 強大的 API 支援上也變得相當簡單。我們可以將拉動這個動作拆解為 mousedown、mousemove、mouseleave 三個步驟，因此我們只要在 Cypress 當中依序觸發這三個事件即可。

11　https://docs.cypress.io/api/commands/should#Syntax

```
it('should change value when being dragged', () => {
  cy.findByRole('slider')
    .trigger('mousedown', 'left')
    .wait(50)
    .trigger('mousemove', 'right')
    .wait(50)
    .trigger('mouseleave')
  cy.findByRole('slider')
    .should('have.attr', 'aria-valuenow', '30')

  cy.findByText(/ 列表數 /).should('contains.text', '30')
})
```

　　我們在事件與事件之間加入了 wait，讓 Cypress 可以稍微等待一下後再觸發下一個事件，比較符合使用者的實際操作。

顯示 API 的結果

```
it('should display API result correctly', () => {
  // 使用 intercept 時可使用標籤讓 cypress 等待此 API 完成後再繼續執行
  cy.intercept('https://api.github.com/search/*', {
    ...data
  }).as('githubAPI')
  cy.wait('@githubAPI')
  cy.visit('/')
  data.items.forEach((item) => {
    cy.findByText(item.full_name).should('exist')
  })
})
```

　　為了等待 API 的回傳結果後再進行斷言可以使用 cy.intercept 來攔截 API 呼叫。透過 as 可以將此 API 命名，之後的程式碼可利用 @githubAPI 的方式來代表此 API。

　　在真實環境下，我們並沒有辦法保證 API 每次都回傳我們預期的結果，為了確保每次發送的 API 回應不會改變，使用了 cy.intercept 修改 API 回應為程式端定義的測試資料，這樣一來這個 API 請求就不會實際傳送到 GitHub，而是使用事先定義好的測試資料。

　　雖然端對端測試講求的是真實性，但我們仍然可根據需求適當使用測試資料幫助測試更加穩定。

顯示錯誤訊息

```
describe('App#error', () => {
  it('should display error message when API error', () => {
    cy.intercept('GET', 'https://api.github.com/search/*', {
      statusCode: 429,
      body: {
        error: 'You called too many times'
      }
    }).as('error')
    cy.visit('/')
    cy.wait('@error')
    cy.findByText('err: Too Many Requests').should('exist')
  })
})
```

　　由於我們不能保證在測試時 API 都會回傳一致性的結果，因此在這邊同樣使用 intercept 攔截請求後修改為有錯誤 HTTP 代碼的回應。

　　先前的 describe 函數中，使用了 beforeEach 讓每個測試案例執行之前都會先執行一次 beforeEach 內的函數。在這邊我們為了模擬錯誤，而不需要事先執行 beforeEach 的程式碼，因此另外用 describe 函數做包裝。

執行測試案例並錄影

確認測試案例沒有問題之後，可以執行 npm run e2e:run 來執行所有 cypress 測試，如果沒有特別設定，所有的測試案例執行時 cypress 都會錄影並存放為 mp4 檔案給開發者確認。

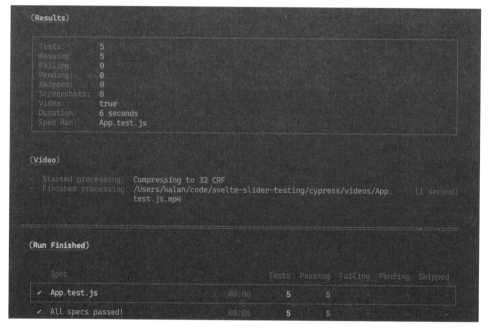

圖 6-11 在終端機上可看到測試結果與影片檔

希望透過本章節的範例，能夠讓讀者認識到 cypress 的實用之處，以及端對端測試對於開發帶來的好處是什麼。範例當中只有介紹一部份的 cypress 功能，實際上 cypress 還有非常多強大的功能可以使用，讓端對端測試寫起來更加流暢。

7

部署篇 – 將 Svelte 專案公開到網路上

>> 使用 Netlify 部署 Svelte App

>> 使用 Vercel 部署 Svelte App

>> 使用 GitHub Pages 部署 Svelte App

7-1 使用 Netlify 部署 Svelte App

Netlify[1] 是一個幫助網頁開發者提高開發效率的平台，可以透過連接 GitHub Repository 的方式直接將程式碼部署至伺服器上，只要提交 commit 至 GitHub 上就能自動觸發部署。

免費版的 Netlify 的後台功能相當豐富，支援自訂網域、node.js 版本設定，可針對每個分支另外建構部署，臨時需要 demo 或是做前端的原型開發時相當方便。

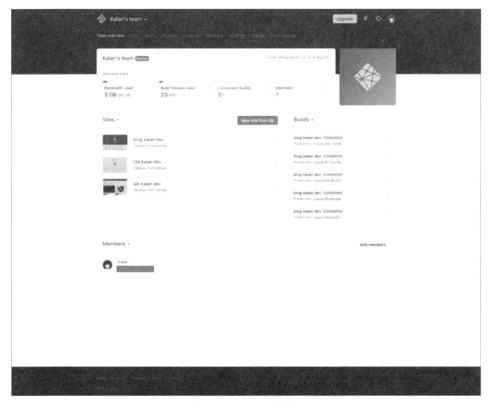

圖 7-1 Netlify 後台

---

1 https://www.netlify.com/

7-2　使用 Vercel 部署 Svelte App

Vercel[2] 與 Netlify 的功能類似，可以綁定 GitHub 將前端專案快速部署至伺服器上。

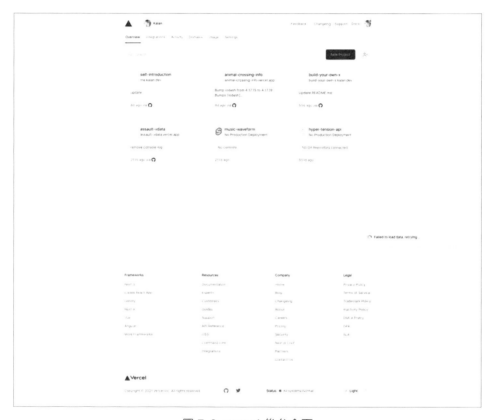

圖 7-2　vercel 後台介面

2　https://vercel.com/

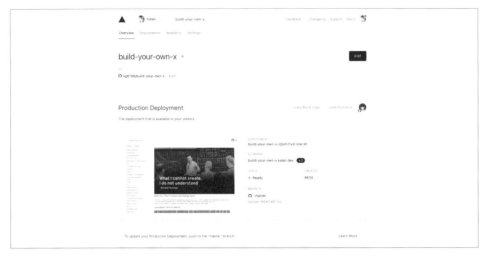

圖 7-3　vercel 後台專案詳細介面

　　Vercel 能自動偵測 Svelte 專案，因此只要整合 GitHub 專案到 vercel 介面上，就可以直接在 cli 當中完成部署，相當方便。

Build & Development Settings

When using a framework for a new project, it will be automatically detected. As a result, several project settings are automatically configured to achieve the best result. You can override them below.

FRAMEWORK PRESET

⑤ Svelte 　　　　　　　　　　　　　　　　　　　　　　　∨

BUILD COMMAND ⑦　　　　`npm run build` or `rollup -c`　　　　OVERRIDE ◯

OUTPUT DIRECTORY ⑦　　　public　　　　　　　　　　　　　OVERRIDE ◯

INSTALL COMMAND ⑦　　　`yarn install` or `npm install`　　OVERRIDE ◯

DEVELOPMENT COMMAND ⑦　rollup -c -w　　　　　　　　　　OVERRIDE ◯

Learn more about Build and Development Settings →　　　　　　　Save

圖 7-4　vercel 可自動偵測框架 preset

使用 Vercel 部署時，會根據專案當中的設定自動偵測前端框架，例如圖 7-4 中，當專案部署後 Vercel 可自動偵測使用 Svelte 部署。

7-3　使用 GitHub Pages 部署 Svelte App

使用 GitHub Pages 部署雖然不像 Netlify 或 Vercel 有那麼多功能可以使用，不過實作上相對簡單，而且不需要再另外使用其他服務，所以在本書當中會一併介紹。

不像其他平台會在建構過程中自動打包程式碼，上傳到 GitHub Pages 的程式碼必須要包含打包好的程式碼。

使用 GitHub Pages 要注意只能夠部署已經打包好的 JavaScript 以及 HTML 等靜態檔案，因為 Github Pages 上無法跑伺服器，只有靜態資源可被顯示。

如果對 GitHub Actions[3] 設定有經驗，可以透過設定檔讓專案在每次 commit 被提交時部署。

3　https://github.com/features/actions

Note

8

Svelte
原理篇

>> 抽象語法樹

>> Svelte 如何生成程式碼

>> 分析 Svelte 生成程式碼

8-1 抽象語法樹

本章節以探討 Svelte 原理實作為主，希望能讓讀者對於 Svelte 的編譯機制與程式碼生成有更深入的理解。由於 Svelte 編譯過程涉及程式碼解析，因此這一篇文章主要會先討論抽象語法樹是什麼，並進一步說明抽象語法樹扮演的角色與重要性。

什麼是抽象語法樹（AST）？

我們先以維基百科的說明作為開頭：

在電腦科學中，抽象語法樹（abstract syntax tree 或者縮寫為 AST），或者語法樹（syntax tree），是原始碼的抽象語法結構的樹狀表現形式，這裡特指程式語言的原始碼。樹上的每個節點都表示原始碼中的一種結構。之所以說語法是「抽象」的，是因為這裡的語法並不會表示出真實語法中出現的每個細節。

抽象語法樹之所以重要，是因為我們希望有一種有結構的方式來描述程式語言（或者標記語言）方便讓電腦操作。

我們先來看看一段 HTML：

```
<h1> 這是一個標題 </h1>
<p> 這是一個段落 </p>
<ul>
  <li data-item='1'> 清單列表 </li>
  <li data-item='2'> 清單列表 </li>
  <li data-item='3'> 清單列表 </li>
</ul>
```

對於 <xxx> 這樣的標記，在 HTML 中稱作 tag，就像衣服上的標籤簡述了衣服的資訊，tag 當中也紀錄了這個 HTML 代表的資訊。

之所以需要從字串轉為樹狀結構，是因為對於人類來說，HTML 這種標記語言容易理解且有架構，但對電腦來說只是字串而已，所以我們需要事先將字串解析後，建立一個樹狀的資料結構方便操作。

透過一連串的解析，上面的 HTML 可以用抽象語法樹表示：

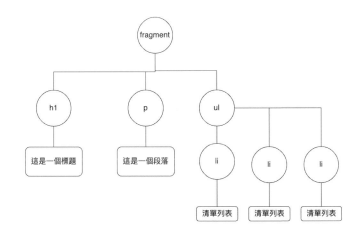

圖 8-1 以樹狀結構表示 HTML

將 HTML 轉變成樹狀結構之後，我們就可以透過樹遍歷等演算法來走訪每個節點來做對應操作，方便尋找對應的節點，舉例來說，我想要搜尋樹裡面的 li，就可以透過樹遍歷的演算法走訪，當 tagName 等於 li 時回傳結果。

其實不止 HTML，像是其他程式語言也會根據他們所定義的語法做出類似的步驟，還有像是 SQL、GraphQL 等結構化表示方法，也會先將字串轉換為抽象語法樹之後再做其他操作。

從這裡我們可以發現，標記語法與抽象語法樹本質上的差異在於：

- 標記語法著重在對於人類的可讀性
- 抽象語法樹著重於資料結構的表達，方便電腦進一步操作

抽象語法樹的表示

在前一個段落中我們用圖來表示一個抽象語法樹，不過除此之外一個抽象語法樹可能還會存放其他資訊，以 HTML 為例的話：

- 是否有 **attributes**，如果有的話也要存放在節點當中

- 是否為 **self-closing**（像 **<input />** **<video />** 等）標籤

- **解析的位置（在第幾行第幾列）**

如果想更近一步觀察實際的抽象語法樹，可以到 AST Explorer 查看，裡頭有各式各樣的程式語言可以解析為抽象語法樹，在這邊我們用 HTML 為例：

圖 8-2 HTML 抽象語法樹範例

接下來看看 JavaScript 的抽象語法樹：

圖 8-3　JavaScript 抽象語法樹範例

抽象語法樹的實作

抽象語法樹的實作主要分為兩種，一種是自己定義語法後，直接透過程式實作（手寫）；另外一種則是定義語法規則（BNF）之後，透過像是 yacc[1] 或 PEG.js[2] 之類的語法產生器生成解析器。

不過正確實作一個抽象語法樹並不容易，對於像 HTML 語法較為單純的標記語言來說還算簡單，但是對於 C、Java、JavaScript 等程式語言來說，要實作出一個正確無誤的抽象語法樹需要時間，而且還要按照規格書描述來實作，如果要當作練習的話，建議可以實作一部分的語法即可。

事實上，在 Svelte 當中除了 HTML 與 Svelte 樣板語法是自己寫解析器實作之外，其他像是 JavaScript 跟 CSS 也都是用第三方的函式庫實作。

1　Yet Another Compiler Compiler https://zh.wikipedia.org/zh-hant/Yacc
2　https://pegjs.org/

若想了解更多詳細實作，可參考筆者在 GitHub 上的 Repository：tiny-svelte。裡頭實作了一個簡易版本的 Svelte 編譯器，可編譯部分 Svelte 語法。

也可以直接到 Svelte 的原始碼[3]中查看實作。

抽象語法樹的用途

除了編譯程式碼之外，抽象語法樹也可以用來：

- 程式碼 highlight

- 程式碼自動補全

- 程式碼美化

- 撰寫 babel plugin

- 靜態分析

- 程式碼替換

這些工具的基礎都是建立在抽象語法樹之上，足以說明抽象語法樹的重要性。

結論

本章節主要說明了抽象語法樹的存在與用途，希望可以讓大家對抽象語法樹有一個基本的認識。由於 Svelte 編譯過程需要會先將程式碼變成抽象語法樹，所以需要先說明抽象語法樹為何，對於之後的章節才會有比較好的理解。

3　https://github.com/sveltejs/svelte/tree/master/src/compiler

8-2 Svelte 如何生成程式碼

本章節會實際分析 Svelte 原始碼，說明 Svelte 整體的程式碼生成流程，主要會回答幾個問題：

- 為什麼 Svelte 可以將程式碼編譯為 JavaScript

- 為什麼在 Svelte 中可以使用類似模板引擎的語法（{#if} {#await} 等），與一般模板引擎的語法有什麼不同

前言

為了生成最後的程式碼，Svelte 必須將元件編譯一次獲取必要資訊，Svelte 的編譯過程到生成程式碼主要會通過幾個階段：

- 將 JavaScript、HTML + Svelte 模板語法、CSS 語法解析為 AST

- 將 JavaScript（包在 <script> 裡與 {}）以 acron 解析為 AST

- 將 HTML + Svelte 模板語法（{#if} {variable} 等）用自製的解析器解析為 AST

- 將 CSS 語法用 csstree 解析為 AST

- 呼叫 new Component(ast) 生成 Svelte 元件，元件裡頭主要包含 instance、fragment、vars 等資訊

- 呼叫 renderer.render 生成 js 與 css

實際的流程與處理會比上面還複雜許多，本書當中擷取重要部分作介紹。

1. 將原始碼解析為 AST

Svelte 首先會將元件拆為三大部分：HTML（以及 Svelte 的語法）、CSS 與 JavaScript，分別以不同解析器解析。

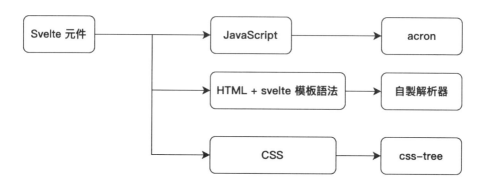

圖 8-4　Svelte 使用不同解析器解析 css、HTML、JavaScript

如果想要知道一個 Svelte 元件經過解析之後會長怎樣，可以到 AST Explorer[4] 中查看：

```
<script>
  let count = 0;
  count++;
</script>

<style>
  p {
    font-size: 14px;
  }
</style>

<p>count is {count}</p>
```

4　https://astexplorer.net/

生成後的語法樹（右半部）：

圖 8-5　Svelte 元件解析後的抽象語法樹

可以發現經過解析後會生成 html、css、instance 三個 AST，其中 instance 指得是包在 <script> 當中的 JavaScript 程式碼。

2. 生成 Svelte 元件 （Component）

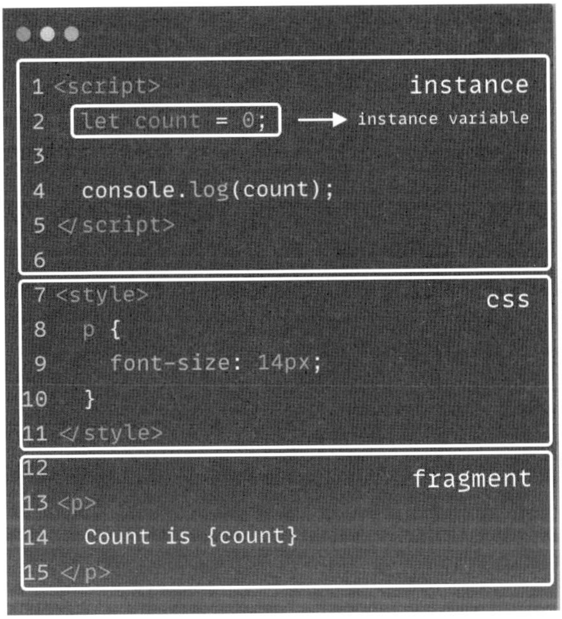

圖 8-6　Svelte 對每個元件區塊的命名

這個階段 Svelte 會將 AST 當中**必要的資訊**存放在 Component 這個 class 當中，其中包含了元件的 HTML（在 svelte 當中用 fragment 命名）、宣告的變數、instance 的 AST 等等。

之後會遍歷 instance（也就是上圖中 <script> 包起來的部分），得知所有變數的使用狀況，這個時候已經可以偵測變數是否宣告了但未使用，是否有 $ 當作前綴的變數需要處理。

之後會開始遍歷 HTML 的部分，並且建立一個 fragment。這部分可以說是 Svelte 編譯當中最核心的邏輯之一。Fragment 可以分為很多種類，包含了一般的 HTML Tag、Svelte 的語法如 if、await 等。

```
// https://github.com/sveltejs/svelte/blob/master/src/compiler/
compile/nodes/shared/map_children.ts
function get_constructor(type) {
    switch (type) {
        case 'AwaitBlock': return AwaitBlock;
        case 'Body': return Body;
        case 'Comment': return Comment;
        case 'EachBlock': return EachBlock;
        case 'Element': return Element;
        case 'Head': return Head;
        case 'IfBlock': return IfBlock;
        case 'InlineComponent': return InlineComponent;
        case 'KeyBlock': return KeyBlock;
        case 'MustacheTag': return MustacheTag;
        case 'Options': return Options;
        case 'RawMustacheTag': return RawMustacheTag;
        case 'DebugTag': return DebugTag;
        case 'Slot': return Slot;
        case 'Text': return Text;
        case 'Title': return Title;
        case 'Window': return Window;
```

```
        default: throw new Error(`Not implemented: ${type}`);
    }
}
```

每個不同類型的 fragment 為了方便處理 Svelte 都會額外建立一個 class。對於每個 class 的實作不額外展開做說明。在這邊舉幾個例子：

- **Element 對應一般的 HTML 標籤，會處理像是 event handler、attribute 檢查、a11y 檢查**
- **當 tagName 為 a 但沒有加上 href 時會跳出警告（）**
- **IfBlock 負責處理 {#if} {:else} 的語法**
- **EachBlock 負責處理 {#each} 的語法**

之後 Svelte 會將對應的 CSS 加上 hash 防止命名衝突，進而生成 CSS 樣式。

3. 建立 fragment 與 blocks

終於來到生成程式碼的階段了，整個生成程式碼的邏輯在 src/compiler/render_dom/Renderer.ts 當中（Svelte 會根據現在是 SSR 還是 dom 選擇 renderer，這邊以 dom 作舉例）。

首先會建立一個 fragment，並且用 Wrapper 中的 render 函數定義生成程式碼的內容。比如 Text.ts 就負責處理文字生成的部分。fragment 會不斷遍歷子節點並呼叫 render 函數產生對應程式碼，並且將程式碼片段放到 block 裡頭。

之後會宣告 block，block 裡頭有非常多 code fragment（例如 mount, unmount 時要生出的程式碼），最後會被用來建立 create_fragment 函數。

這部分可以說是 Svelte 裡最核心也最複雜的地方。整個實作可以到 src/compiler/render_dom/index.ts 當中查看。

生成程式碼的部分使用了作者 Rich Harris 寫的 code-red 來方便生成。這個函式庫的特別之處在於可以用 var a = 1 這樣的寫法直接產生對應的 AST 節點。

比如說範例中的 variableA 實際上會變成一個 VariableDeclaration 的節點。還可以透過 template literal 語法組合方便生成程式碼。

最後再透過 print 這個 API 將語法樹轉換為程式碼。接下來看看 Svelte 中的實作（以 EachBlock.ts 做舉例，其他的生成相對複雜），看一下生成程式碼的原始碼是怎麼撰寫的：

```
// 在元件 create 時呼叫 each_block_else.c()
block.chunks.create.push(b`
  if (${each_block_else}) {
    ${each_block_else}.c();
  }
`);


if (this.renderer.options.hydratable) {
  block.chunks.claim.push(b`
    if (${each_block_else}) {
      ${each_block_else}.l(${parent_nodes});
    }
  `);
}


// 在元件 mount 時呼叫 each_block_else.m()
block.chunks.mount.push(b`
  if (${each_block_else}) {
    ${each_block_else}.m(${initial_mount_node}, ${initial_anchor_
node});
  }
`);
```

裡頭呼叫的 b 就是 code-red 的 API 之一，這些都是最後會生出來的程
式碼。

為什麼 Svelte 可以將程式碼編譯為 JavaScript ？

回到本篇文章開頭的問題，因為 svelte 會事先將程式碼編譯、分析，所以
可以將 .svelte 編譯成 JavaScript。

為什麼在 Svelte 中可以使用類似模板引擎的語法？

因為 svelte 有實作了一套客製化的解析器，除了解析一般的 HTML 之外，
還可以解析 {} 裡的語法，再透過上面提到的編譯流程生成對應的 JavaScript
程式碼。與一般模板引擎的語法不同在於，**svelte 的語法是 reactive 的**，一
般模板引擎的語法是靜態的 **HTML**。以 erb 舉例來說：

```
<% unless content.empty? %>
  <div>
    <%= content.text %>
  </div>
<% end %>
```

這樣的語法通常是在後端渲染好 HTML 之後回傳。但 Svelte 當中的語法：

```
{#if content}
  <div>
    {content.text}
  </div>
{/if}
```

則會在 content 不為空的時候更新畫面。

總結

本章節試著闡述 Svelte 從編譯到程式碼生成大致的流程，包含解析程式碼為 AST，建立 fragment 與對應節點，最後透過 renderer 產生程式碼。

 分析 Svelte 生成程式碼

前言

從 Svelte 的核心理念可以得知，Svelte 希望從編譯過程中盡可能地獲取必要資訊，減少在動態的 overhead。

先觀察一個簡單的 Svelte 元件：

```
<script>
  import { onMount } from 'svelte';
  let count = 1;

  onMount(() => {
    setInterval(() => count++, 1000);
  })
</script>

{#if count != 100}
  <span>{count}</span>
{/if}

<p>
  this is text
</p>
```

Svelte 元件語法跟一般 HTML 相同，除了會加上類似樣板語法之外（if, await）基本上可以完全相容 HTML，但是生成的元件又是 JavaScript，舉例來說上面的元件編譯後會變成：

```
// 由 Svelte 生成，省略部分程式碼
import { onMount } from "svelte";

function create_if_block(ctx) {
    let span;
    let t;

    return {
        c() {
            span = element("span");
            t = text(/*count*/ ctx[0]);
        },
        m(target, anchor) {
            insert(target, span, anchor);
            append(span, t);
        },
        p(ctx, dirty) {
            if (dirty & /*count*/ 1) set_data(t, /*count*/ ctx[0]);
        },
        d(detaching) {
            if (detaching) detach(span);
        }
    };
}

function create_fragment(ctx) {
    let t0;
    let p;
    let if_block = /*count*/ ctx[0] != 100 && create_if_block(ctx);
```

```
return {
    c() {
        if (if_block) if_block.c();
        t0 = space();
        p = element("p");
        p.textContent = "this is text";
    },
    m(target, anchor) {
        if (if_block) if_block.m(target, anchor);
        insert(target, t0, anchor);
        insert(target, p, anchor);
    },
    p(ctx, [dirty]) {
        if (/*count*/ ctx[0] != 100) {
            if (if_block) {
                if_block.p(ctx, dirty);
            } else {
                if_block = create_if_block(ctx);
                if_block.c();
                if_block.m(t0.parentNode, t0);
            }
        } else if (if_block) {
            if_block.d(1);
            if_block = null;
        }
    },
    i: noop,
    o: noop,
    d(detaching) {
        if (if_block) if_block.d(detaching);
        if (detaching) detach(t0);
        if (detaching) detach(p);
    }
};
```

```
}

function instance($$self, $$props, $$invalidate) {
    let count = 1;

    onMount(() => {
        setInterval(() => $$invalidate(0, count++, count), 1000);
    });

    return [count];
}

class App extends SvelteComponent {
    constructor(options) {
        super();
        init(this, options, instance, create_fragment, safe_not_equal,
{});
    }
}
```

Svelte 本身也支援 SSR 功能，所以如果使用 Svelte SSR 功能編譯上面的程式碼，則會建立一個生成 HTML 字串的函數。

```
// 由 Svelte 生成，省略部分程式碼
import { onMount } from "svelte";

const App = create_ssr_component(($$result, $$props, $$bindings,
slots) => {
    let count = 1;

    onMount(() => {
        setInterval(() => count++, 1000);
    });
```

```
    return `${count != 100 ? `<span>${escape(count)}</span>` : ``}

<p>this is text
</p>`;
});


export default App;
```

觀察生成程式碼（DOM）

為了方便說明，在這邊只針對 DOM 的生成程式碼做解說。

可以看到生成的程式碼主要以三個部分組成：create_fragment 函數、instance 函數、以及 SvelteComponent class。

≫ create_fragment

首先先看到 create_fragment：

```
function create_fragment(ctx) {
    let t0;
    let p;
    let if_block = /*count*/ ctx[0] != 100 && create_if_block(ctx);

    return {
        c() {
            if (if_block) if_block.c();
            t0 = space();
            p = element("p");
            p.textContent = "this is text";
        },
        m(target, anchor) {
            if (if_block) if_block.m(target, anchor);
            insert(target, t0, anchor);
```

```
            insert(target, p, anchor);
        },
        p(ctx, [dirty]) {
            if (/*count*/ ctx[0] != 100) {
                if (if_block) {
                    if_block.p(ctx, dirty);
                } else {
                    if_block = create_if_block(ctx);
                    if_block.c();
                    if_block.m(t0.parentNode, t0);
                }
            } else if (if_block) {
                if_block.d(1);
                if_block = null;
            }
        },
        i: noop,
        o: noop,
        d(detaching) {
            if (if_block) if_block.d(detaching);
            if (detaching) detach(t0);
            if (detaching) detach(p);
        }
    };
}
```

create_fragment 回傳一個物件，裡頭有很多單個英文字母當作屬性的函數看起來不知道在做什麼，其實分別代表著不同生命週期要做的事情：

- **c:** 代表 **create**，剛建立元件時要執行的函數

- **m:** 代表 **mount**，元件掛載到 **DOM** 上後要執行的函數

- **p:** 代表 **patch**，元件更新後要執行的函數

- i: 代表 intro，元件 transition 進場時要執行的函數

- o: 代表 outro，元件 transition 出場時要執行的函數

- d: 代表 destory 或 detatch，元件卸載時要執行的函數

詳細的原始碼及生成邏輯可以到 Svelte 原始碼當中的 src/compiler/compile/renderdom/Block.ts 參考。

知道每個字元代表的意思的話，接下來他們在做的事情就會清楚許多：

- 將條件式（if count != 100）的結果賦值給 if_block

- 在 create 時

  - 建立 pelement

  - 將 p.textContent 賦值為 this is text

- 在 mount 時

  - 如果 if_block 為 true 則呼叫 if_block.m()（也就是 mount 要做的事）

  - 將 t0 插入到 anchor 中

  - 將 p 插入到 anchor 中

- 在 patch 時

  - 如果條件式 count != 100 為 true

  - 已經有 if_block 的話就呼叫 if_block.p()

  - 沒有的話呼叫一次 create_if_block 然後執行 if_block.m()

  - 如果條件式 count != 100 為 false

  - 代表 if_block 裡的東西要刪除，呼叫 if_block.m()

instance

再來看到 instance 函數

```
function instance($$self, $$props, $$invalidate) {
    let count = 1;

    onMount(() => {
        setInterval(() => $$invalidate(0, count++, count), 1000);
    });

    return [count];
}
```

任何在 \<script\> 裡的程式碼都會被放入 instance 的函數當中，在這裡有幾個比較特別的地方：

- 原本程式碼是 **setInterval(() => count++, 1000)**，透過 **Svelte** 生成程式碼後變成了 **setInterval(() => $$invalidate(0, count++, count), 1000)**
- 回傳值是個陣列，回傳 **count** 的值

Svelte 會在靜態分析時得知變數的相關訊息，所以能夠做到編譯時期的依賴追蹤。

$$invalidate 的實作如下（省略部分程式碼）：

```
// 如果發現變數值不同，將 component 設為 dirty（代表需要更新）
if ($$.ctx && not_equal($$.ctx[i], $$.ctx[i] = value)) {
    if (!$$.skip_bound && $$.bound[i]) $$.bound[i](value);
    if (ready) make_dirty(component, i);
}

function make_dirty(component, i) {
```

```
    if (component.$$.dirty[0] === -1) {
        dirty_components.push(component);
        schedule_update();
        component.$$.dirty.fill(0);
    }
    component.$$.dirty[(i / 31) | 0] |= (1 << (i % 31));
}
```

每次 setInterval 觸發 count++ 之後，$$invalidate 就會被呼叫，這時會先去比較更新前後的值是否相同，如果有更新的話就會呼叫 mark_dirty 函數，然後將 component 放到 dirty_components 裡頭，並且安排更新。Svelte 也實作了類似 batch update 機制，會盡量在一個 frame 裡頭盡可能地一次更新。

SvelteComponent

```
class App extends SvelteComponent {
    constructor(options) {
        super();
        init(this, options, instance, create_fragment, safe_not_equal,
{});
    }
}
```

SvelteComponent 的實作相當簡單，呼叫了 init 函數，裡頭主要的邏輯是初始化 svelte 元件並且調用 create_fragment 函數與執行 instance，讓元件實際掛載到 DOM 上面去。

總結

Svelte 生成的程式碼大致上包含了三大部分 create_fragment、instance、SvelteComponent。

- **create_fragment**：告訴 Svelte 元件中的每個生命週期應該如何處理

- **instance**：執行 <script> 當中的程式碼，並且回傳 context（props、變數等）

- **SvelteComponent**：透過 init 函數初始化 Svelte 元件

這篇文章闡述了 Svelte 生成的程式碼要如何解析，並且簡單說明了背後的 reactive 機制是如何達成的，希望能讓讀者對生成後的程式碼也有一定程度的了解。

附錄　名詞釋義與中英對照

■ **元件**：component

在前端框架當中，元件是組成 UI 的最小單位。在 Svelte 中 .svelte 檔案即代表元件。

■ **描述符**：directive

在 Svelte 當中，描述符通常被用來指示不同的功能。語法組成方式以冒號將功能、名稱與參數區分。

```
<p on:click={handleClick}></p>
```

在此範例當中，在冒號左邊的 on 即為描述符，右邊的 click 則為事件名稱，handleClick 則為參數。

■ **修飾符**：modifier

在 Svelte 當中，修飾符主要用來修飾事件，以 | 當作分隔。

```
<p on:click|capture|stopPropgation={handleClick}></p>
```

修飾符在其他前端框架或程式語言中有不同表現方式與涵義。

伺服器渲染：SSR

在瀏覽器發送 HTTP 請求時在伺服器端渲染頁面 HTML 後回傳。

■ **屬性**：property

Svelte 的元件中可接收屬性物件，並透過 $$props 存取。通常以簡寫 prop 表示。

```
<Profile text={text}>Hello</Profile>
```

在本範例當中，我們可以將 text 稱作 Profile 的屬性。

■ **屬性**：attribute

在 HTML 標籤當中可以傳入 attribute。

```
<p data-index={index}></p>
```

在上面的範例當中，data-index 即為 attribute。與元件的屬性格式相同，辨別 attribute 與 property 的方法為是否為元件還是 HTML 標籤。

■ **標籤**：tag

在 HTML 當中，標籤指得是以 <> 包住的字母。例如 p 標籤、a 標籤等。

■ **CSS 自定義屬性**：CSS Custom Properties

開發者可透過一定格式自行定義 CSS 的屬性。

■ **綁定**：binding

在 Svelte 當中，binding 指得是將變數值畫面上的值互相連結，畫面上的值改變時能同時改變變數值；當變數值改變時改變畫面上的值。

■ **響應機制**：reactivity

前端框架的要素之一，當變數改變時，前端框架能夠自動更新畫面上的值，開發者不需要自行呼叫 DOM API。

■ **響應式語法**

本書當中響應式語法指得是 Svelte 對 $ 標籤所做的特別處理，包含：

- **reactive assignment**：可使用 $ 標籤語法賦值
- **reactive statement**：可執行 JavaScript 陳述式

■ **無障礙功能**：accessibility

因為 a 到 y 之間隔了 11 字母，因此常用 a11y 表示。

- **抽象語法樹**：AST

AST（Abstract Syntax Tree），原始碼經由解析器解析後轉為樹狀的資料結構方便接下來的處理。

- **過場**：transition

在 Svelte 當中，過場指得是當 DOM 離開或進入畫面時會執行的出入場動畫。有時也會用轉場來表示。

- **脫水**：dehydrate

進行伺服器渲染時，由於沒有客戶端的 JavaScript 執行環境，因此只能渲染元件的靜態 HTML，因為沒有任何互動，此時的狀態稱為脫水。

- **補水**：hydrate

將互動、轉場效果、過場動畫等 JavaScript 程式碼加入 HTML 的過程稱之為補水（hydrate）。

- **樣板引擎**：template engine

透過預先定義的語法將樣板與資料結合產生 HTML 檔案，如 ejs、pug、erb。

- **CSS 自定義屬性**：CSS Custom Properties

開發者可自行定義 CSS 屬性，並在 CSS 檔案或是 style 樣式中使用 var 存取。